潜行的宝藏

——写给环保人的地下水科学

齐永强 石效卷 郑春苗 刘伟江 刘 杰 编著

地下细水毁则无惜则有

历史洪流顺者昌逆者亡

中国环境出版社·北京

图书在版编目（ＣＩＰ）数据

潜行的宝藏：写给环保人的地下水科学 / 齐永强等编著 . —北京：中国
环境出版社 , 2015.4

ISBN 978-7-5111-2252-0

Ⅰ.①潜… Ⅱ.①齐… Ⅲ.①地下水保护—普及读物 Ⅳ.① P641.8-49

中国版本图书馆 CIP 数据核字（2015）第 033007 号

出 版 人　王新程
责任编辑　李卫民
责任校对　尹　芳
封面设计　岳　帅

出版发行　中国环境出版社
　　　　　（100062　北京市东城区广渠门内大街16号）
　　　　　网　　　址：http://www.cesp.com.cn
　　　　　电子邮箱：bjgl@cesp.com.cn
　　　　　联系电话：010-67112765（编辑管理部）
　　　　　　　　　　010-67112735（环评与监察图书出版中心）
　　　　　发行热线：010-67125803　010-67113405（传真）
印　　刷　北京中科印刷有限公司
经　　销　各地新华书店
版　　次　2015年4月第1版
印　　次　2015年4月第1次印刷
开　　本　880×1230　1/16
印　　张　3.5
字　　数　90千字
定　　价　20.00元

序　言

　　一直到 20 世纪 70 年代，我国面临的地下水问题还是大同小异，主要由较为单纯的安全性需求（如饮水和灌溉）驱动。但 80 年代之后中国的超高速发展在成为世界经济发展奇迹的同时，也带来了许多严重的环境和资源问题。在粗放发展的重压下，以北方地下水水位下降和南方地下水水质恶化为标志，地下水资源枯竭和水质污染问题迅速产生，各自成为地下水问题中的重要一极。地下水问题的多极化为其管理注入了新变量，但管理体制的发展通常只能在沿袭中逐渐转向，要跟上快速发展的地下水问题谈何容易。现在看来，我国的地下水管理体制已经远远落后于地下水问题本身。

　　我高兴地看到，中国政府已经开始重视地下水污染问题。国务院于 2011 年发布了《全国地下水污染防治规划（2011—2020）》，旨在基本掌握地下水污染状况，初步遏制地下水水质恶化趋势，建立地下水环境监管体系，对典型地下水污染源进行全面监控，保障重要地下水饮用水水源水质安全，提高地下水环境监管能力，建成地下水污染防治体系。为此，全国许多环保工作者投入了地下水污染调查与防治工作。在此背景下，《潜行的宝藏——写给环保人的地下水科学》这本小册子的出版有很好的参考价值和现实意义。

　　《潜行的宝藏——写给环保人的地下水科学》是一本面向全国环保工作者的地下水科普读本，编著成员全部来自环境保护与水文地质的交叉领域，结合长期从事地下水污染教学科研以及实际工作的经验，总结了与地下水环境保护工作密切相关的 30 多个问题，并以通俗易懂的形式提供了业界的一些共识。地下水问题对我国的环保队伍来说是个新课题，对于亟须掌握地下水知识脉络的一线技术和管理人员，这本书值得一读。不仅如此，由于地下水污染问题近年来逐渐见诸报端，已经开始为社会所关注，因此对于关注环境问题的公众，这也是一本轻松易读的科普读物。

林年丰

吉林大学教授

中国科学院院士

2014 年 12 月 20 日

前　言

　　亲爱的从事环境保护工作的朋友们，请允许我们对您所从事的事业表示崇高的敬意。20 世纪下半叶是人类历史重要的转折点，环境保护的浪潮开始席卷全球，人类开始意识到必须限制自身的欲望，与自然和谐共处。作为一类特殊的环境要素，地下水的隐蔽性较强，公众一般没有能力发现和认定地下水资源和环境领域出现的问题，所以社会对地下水的认知程度较低，地下水作为环境要素所受到的关注程度远不及大气、地表水等其他要素。正因为如此，对地下水资源环境的监管往往滞后于其他环境要素，在发达国家如此，在我国也不例外。

　　地下水是中国的重要水源。中国 30 余年经济的快速发展为中国累积了众多严峻的地下水污染问题。尽管相关部门已经针对地下水环境污染问题开展了目标不同、深度各异的工作，但中国地下水环境管理整体性不强、总体力量薄弱仍是不争的事实。在"十二五"开篇之年，中国环境保护部将全国地下水污染防治提上议事日程，以保障地下水水源安全、控制城镇和工业地下水污染、建立健全地下水环境监管体系以及开展地下水污染普查为目标，全面推进中国地下水环境管理工作。

　　我国在历史上存在"多龙治水"的管理体制，目前虽确定地下水污染防治由环保部门主导，但由于历史原因，融资渠道、技术储备、数据资料、人力资源散布在不同机构中，较难形成合力。地下水对我国环保部门来说是新事物，技术和人才储备水平有限，亟须提升。

　　本书由环境保护部污染防治司组织编写，编著成员来自环境保护与水文地质的交叉领域，参与编制人员有井柳新、陈坚、杨丽红、孙宏亮等，图文录入排版由许雅琴完成。本书得益于多位同行细致认真的评阅，包括王东、杨晓谭、丁贞玉、李炜臻、文一、吴炜玲、张亚清、张涛等同行，在此表示衷心感谢。本书中的问题分为感知篇、观察篇、理解篇、守护篇，分别从概念框架、勘察工作、理性思辨、和谐共处四个角度解答了初涉地下水领域的科技工作者最为关注的若干问题。

　　像任何一门成熟的学科一样，地下水科学没有"速成"的捷径。由于篇幅和形式所限，本书难以做到全面和深刻，实际工作中需要与其他相关教材和专著结合使用。同时，很多从事地下水工作的同仁都有同感：地下水科学易学难精，基本概念和理论框架易于理解，但在实际工作中不容易深入掌握和灵活运用，需要在长期工作实践中积累经验。作者识见有限，书中错误或不妥之处在所难免，欢迎读者给予批评指正。

目 录

第一篇　感知地下水

1. 地下也有水吗?

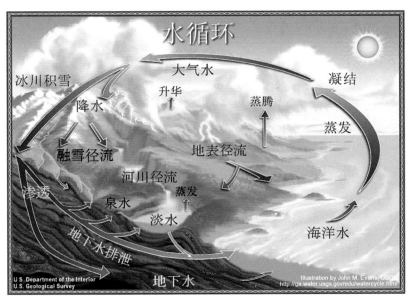

地下水是水文循环的有机组成部分（图片来源：www.usgs.gov）

君不见黄河之水天上来，奔流到海不复回。

——李白

诗人李白只说对了前一半，黄河之水的确从天而降，但海洋并不是水循环的终点。水在地球表面循环，浩渺无垠，无始无终；时而轻薄飘逸，翻云覆雨；时而沉毅凝重，稳如泰山；还会金戈铁马，移山填海。水的循环给地球带来了生命，也带来了生机。

陆地水在回归海洋时，一部分汇入了河流，另一部分取道地下而形成地下水，长期以来，含水地层中就储存了大量的地下淡水资源。在世界的任何地方，以雨和雪的形式降落到地面的水有一部分会渗透到地下的土壤和岩石中。

一些地下水将被保留在较浅的含水层，它可能向下游渗透到河岸而汇入溪流；有些地下水会渗透到更深的含水层。水在回到地表或者渗透到溪流和海洋等其他水体之前，可能会流经很长的距离或者长期储存在地下含水层中，有些地下水可能需要几千年的时间才能再运动到地表。一般来说，越是深处的地下水，其流动越缓慢。如果含水层的渗透性较强而地下水可以轻松穿过，人们就可以挖井取水用于各种用途。

当地下水自然出露的时候，就形成了泉。泉有大有小，小的只有在雨后才会出现，而大的则每天可以流出上万吨的地下水。泉可以在任何岩石中形成，但是在石灰岩和白云岩中较为常见，这些岩体很容易产生裂缝并受到雨水的溶解，由此形成的孔洞有助于泉的形成。

并不是所有的地下水都是由雨雪入渗形成的，例如在沙漠地区，每年降雨很少，地面也缺少河流和湖泊，但有些地方仍然有地下水形成。这是由于沙漠地区地表附近的空气被晒得很热，到了夜晚土壤散热较快，空气中的水蒸气就进入土壤的孔隙中，凝结成水珠并最终聚集成地下水。这种来源的地下水叫作凝结水。

还有一种地下水叫作初生水，是由岩浆中的水蒸气沿着岩石裂缝上升并冷凝形成的。许多温泉水就是普通渗入的地下水和初生水的混合物。

有一些形成年代久远的地下水在封闭的含水层中得以保留下来。对于滴水贵如油的地区

济南的趵突泉被誉为"天下第一泉"，属于典型的中国北方岩溶地下水，补给面积巨大，泉水从三个主要出口喷涌而出，十分壮观。元代诗人张养浩有诗赞："三尺不消平地雪，四时尝吼半空雷"（图片提供：张保祥）

（如沙漠），这种深埋的地下水资源尤为可贵。但值得注意的是，这种地下水流动极为缓慢，几乎可以看作不可再生的资源，如果开发管理不当则很容易枯竭。

2. 地下水有哪些用途？

在原始社会中，人群逐水而生，只能在河湖周边安排生活和生产；而地下水的取用则大大扩展了人类的活动范围。我国自古以来就是以"农"立国，而水利是农业的命脉。在旧社会，农民靠天吃饭，他们做梦也想着能有井水把干旱的土地灌溉好。但新中国成立前我国经济技术极为落后，全国只有上海、天津等几个大城市有打井队伍，地下水的开发利用少得可怜。新中国成立后我国开始大规模开采地下水资源，极大地促进了农业和其他行业的发展。到目前为止，在水资源缺乏的中国北方地区，65%的生活用水、50%的工业用水和33%的农业灌溉用水都来自地下水。我国的南方地区虽然地表水资源较为丰富，取用方便，但因地下水相对而言

主要城市地下水供水比重(百分比)

● 大于80　● 50-80　● 30-50　● 小于30

地下水已经成为中国城市和工农业用水的主要水源，在干旱、半干旱地区，地下水甚至是唯一的可用水源。图为我国主要城市地下水供水比重，北方城市明显更为倚重地下水资源（来源：中国地质科学院水文地质环境地质研究所，张宗祜）

具有供水量和水质均较为稳定的优点，也是重要的供水水源。例如在 2010 年中国西南特大干旱灾害发生期间，中国国土资源部门主导进行了大规模的地下水开采工作，为抗旱减灾工作提供了决定性的支持。

除为人们提供水源之外，地下水还会通过其他途径造福人类。地下水与地表水相比，具有"冬暖夏凉"的特点，比如北京郊区黑龙关泉的水温就常年保持在 15℃ 上下。工业上很早就有在夏天使用地下水为厂房降温的实践，目前利用地下水这种储热功能的地源热泵，已经在我国有广泛的应用。我国还有很多著名的温泉，从温泉中流出的地下热水具有保健功效，也自然造就了许多疗养度假胜地。有些循环较慢的地下水中含有很多的盐分以及多种稀有元素，这种水被称为卤水，可以从中提炼有用的工业原料。如在我国四川自贡一带，人们自古就打井取水，并从中提取食盐。

改革开放以来，地下水资源的开发状况发生了根本性的变化，由过去的生产力制约变成了资源与环境制约。地下水循环较慢，具有短期不可再生性，其开采在很多地区已经超过了地下水的再生速度。过量开采导致我国北方地区地下水水位持续下降，引发了一些社会关注。举例来说，华北平原幅员辽阔，是我国政治经济文化的中心。20 世纪 50 年代以前，这里的地下水流场还处在天然状态，浅层地下水水位埋深多在 10 米以内，普遍为 1～3 米；深层地下水具有承压性，局部甚至可以自流。而到了 2005 年，浅层地下水水位最大埋深已达 65 米，埋深大于 10 米的面积占整个华北平原面积的近一半，埋深大于 20 米的面积占两成；深层地下水已无自流区，水头最大埋深可达 110 米。

同时，国民经济的快速发展也导致了地下水污染问题，进一步加剧了地下水资源短缺。1999 年以来，我国在东部经济发达地区开展了区域地下水污染调查，但由于地下水运动缓慢，严重的污染往往呈点状分布，这方面公开的信息还不多。

在对地下水资源的开发利用中，如果不注重方式，有时也会造成危害。在地下采矿时，

如果突然遇到大量的地下水涌出造成突水事故，可能会对生命财产造成重大伤害。如果庄稼地里的地下水水位过高，水分的过度蒸发会造成土壤的盐碱化，不但庄稼长不好，严重时地面上甚至白花花一片，寸草不生。地下水的变化有时还会引起地面沉降、滑坡、海水入侵等地质环境灾害；也可能引起其他环境和生态的变化而最终反作用于人类。所以关注和保护地下水具有重要意义。

3. 地下水储存在哪里？

大量的水储存在地下。在这里水仍然是流动的，虽然速度可能很慢，但仍然是水循环的一部分。俄罗斯学者维尔纳茨基形象地说："地壳表面就像饱含水分的海绵。"各种岩土类型都存在孔隙，可以为地下水的赋存提供空间。我们都有这样的经验，大雨过后，沙土地不积水，而黏土地面积水，比较泥泞。这是因为沙土地上的水可以较快地渗入地下。所以我们说沙是透水的，黏土是不透水的；或者把沙称为透水层，把黏土称为隔水层。自然界中，如果透水层下面存在隔水层，那么向下渗透的雨水或地面水就会集聚在上面的透水层中。这种充满了水的透水层就叫作含水层。寻找地下水首先要找到含水层。

接近地表的地层一般是尚未胶结的松散沉积物，对于沙砾类的沉积物，其孔隙度和渗透性主要取决于颗粒分选程度，分选性越差、颗粒大小越悬殊的松散岩土，孔隙度越小，渗透性也越差；黏性土沉积物由于结构原因一般孔隙度更大，但孔隙太小或者孔隙之间连通性不好，所以渗透性一般很低。上述的这一类地下水主要存在于砂层或砾石、卵石层的孔隙中，我们称为孔隙水。平原地区所使用的地下水多为孔隙水。

松散的风化沉积层之下的岩石称为基岩，一般比较完整，不利于地下水的赋存。例如花岗岩的原生孔隙度就很小，但因地质作用会存在裂隙，而地下水就储存在这些裂隙中，这类

地下水被称为裂隙水。岩石中之所以会有裂隙，是因为这些岩石都是亿万年之前形成的，其后经历了地壳运动等各种各样的变动，产生了许多裂隙。

沉积岩是常见的基岩种类，是地质年代中海洋、湖泊、河流中泥砂等物沉积而成的岩石，其初始状态是水平的层状结构，但在地质年代中经历了许多地壳运动，发生了褶皱，岩层向上拱起的称为背斜，岩层向下凹陷的称为向斜，可以想象，在背斜和向斜的中心（轴部）裂隙比较多。由于岩石的性质不同，产生裂隙的性质和程度也不同。经过地壳运动后，硬而脆的岩石裂隙会相对较多，而塑性强的、含大量泥质的岩石裂隙则较少。

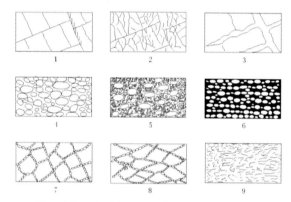

地下水的赋存空间（阿·麦·欧维奇尼科夫）

1– 发育裂隙的基岩；2– 发育众多裂隙的基岩；3– 发育溶穴的可溶岩；4– 分选良好的砂；5– 分选不良、含泥沙的砾石；6– 部分胶结的砂；7– 黄土层中的大孔隙和结构孔隙；8– 黏土中的孔隙；9– 经压密而减少的孔隙

碳酸盐地层是一类特殊的可溶性基岩，在地质作用产生的裂隙或者破碎带中有地下水的流动。由于碳酸盐的可溶性，地下水会沿着裂隙掏蚀形成溶穴、溶洞。这些溶洞越掏越大，过水能力也越来越强，而这又反过来提高了地下水的侵蚀能力。岩溶现象的发育大大增加了岩层的富水性和渗透性。一般来说，石灰岩如果质纯层厚往往溶洞较为发育，岩溶水也较多。

土壤的上层是非饱和带，这里的含水量随时都在发生着变化，但是不会使土壤饱和。非饱和带的下面是饱和带，这里的土壤和岩石缝隙之间全部充满水，达到饱和。植物根系通常利用非饱和带中赋存的地下水，而人们对地下

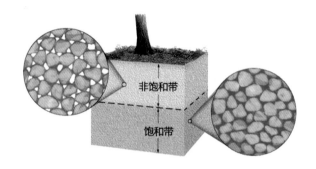

地下水饱和带和非饱和带示意图，二者之间的界面称为地下水位面，随着饱和带地下水的升降而改变位置
（图片改编自：Pearson Prentice Hall, 2005）

水的开发利用主要集中在饱和带。

人们把饱和带分成透水性好的含水层和透水性差的隔水层。一般来说，市政供水井要求的含水层出水量较大，常常在每天几千吨左右；如果是小型的农用井，出水量常常在每天几十吨左右；在有些沙漠地带，单井日出水量只有几吨甚至更少，但这并不妨碍我们将它们所穿透的地层称为含水层。可见含水层是在实际工作中形成的相对概念，同样的地层在此地被认为是含水层，而在彼地可能被认为是隔水层。在世界范围内，富水性最好的是沙卵砾石沉积层，这类地层常常在滨海平原、冲积盆地和冰川活动带出现。除此之外，大面积分布的砂岩和发育了溶孔溶洞的碳酸盐岩也是很好的含水层。

含水层和隔水层通常呈近水平分布，而地下水在含水层中水平流动。在相当长的一段时期内，人们把隔水层看成是绝对不透水的，一直到 20 世纪 40 年代才发现，原先划入隔水层中的，有一类是弱透水层。这些弱透水层在一般的供水工程中所提供的水量微不足道，但在垂直方向上由于过水断面巨大（等于弱透水层分布范围），因此相邻含水层通过弱透水层交换（称为越流）的水量相当大，这时再将其称为隔水层就不合适了。含水层的划分是一个概化过程，是通过对当地情况和工作目标综合分析后得出的判断，不是一成不变的定式。例如砂砾石和黏性土互层的地层，在供水意义上可能被划分为一个含水层，但在考虑地下水污染问题时可能被划成多个含水层和隔水层。

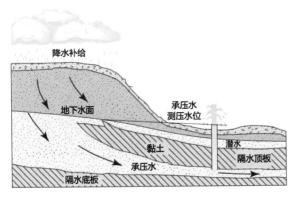

潜水含水层和承压含水层示意图（图片改编自：www.usgs.gov）

没有隔水顶板的地下水称为潜水。由于潜水含水层的厚度随潜水面的升降而变化，所以其释放出的水来自于饱和孔隙中的排水，出水能力较强。充满于两个隔水层之间的含水层中的地下水称为承压水。承压含水层的厚度不随水头的升降而变化，所以其中产出的地下水主要来自含水层骨架的弹性释水，单位降深对应的出水能力较弱。与潜水相比，承压水与大气圈、地表水圈的联系较差，水循环也缓慢得多。承压水不像潜水那样容易受污染，但一旦污染后更难得到净化。

天然条件下，平原区的潜水同时接受降水入渗补给及来自下部的承压水越流补给。随着深度加大，降水补给的份额减少，承压水补给的比例加大；同时隔水的黏性土层向下也逐渐增多，潜水逐渐演变为承压水。当平原深部承压水受到开采导致其水头低于潜水时，潜水便反过来补给承压水。

4. 如何寻找地下水？

理论上说，地下介质中或多或少都含有地下水，无须费神寻找；但从实际意义上来讲，找水指的是寻找具有供水意义的地下水源，这里面就有很大的学问。据《韩非子》记载，春秋战国时期，齐国出兵远征孤竹国，得胜回师时，正值隆冬季节，河溪干涸，人马饥渴难耐，大军无法行进。大臣隰朋向齐王建议说："听说蚂蚁夏天居山之阴（北），冬天居山之阳（南）。

蚁穴附近必定有水，可令兵士分头到山南找蚁穴深掘。"齐王采纳了这个建议，果然找到了水，解救了全军。

齐国军队当时的行军路线大约在华北平原的东部，地下水埋深较浅，挖几米见水是正常现象，但由于当时工程条件所限，仍需借助蚂蚁寻找地下水埋深最浅的位置打井。事实上这与蚂蚁冬夏所活动的位置实在没有联系，可算先贤善意的谬论，但劳动人民在长期实践中，的确根据草木的生长分布、鸟兽虫等的出没活动，总结出了一些寻找浅层地下水的线索。例如在干旱的沙漠、戈壁地区，生长着柽柳、铃铛刺等灌木丛，这些植物告诉我们，这里地表下 6～7 米深就有地下水；有胡杨林生长的地方，则地下水位距地表面不过 5～10 米；芨芨草指示地下水位于地表下 2 米左右；茂盛的芦苇指示地下水位只有 1 米左右；如果发现喜湿的金戴戴、马兰花等植物，便可知这里下挖50 厘米或 1 米左右就能找到地下水。在南方，根深叶茂的竹丛不仅生长在河流岸边，也常生长在与地下河有关的岩溶大裂隙、落水洞口处。例如在广西的许多岩溶谷地、洼地，成串的或独立的竹丛地常常就是有大落水洞的标志。这些落水洞，有的在洞口能直接看到水，有的在洞口看不到水，但只要深入下去，往往便能找到地下水。另外，在地下水埋藏浅的地方，泥土潮湿，蚂蚁、蜗牛、螃蟹等喜欢在此做窝聚居；冬天，青蛙、蛇类动物喜欢在此冬眠；夏天的傍晚，因其潮湿凉爽，蚊虫通常在此呈柱状盘旋飞绕。

古人重文轻理，很多劳动人民的智慧被沉淀成哲学思辨，但并未建立科学体系，定井往往成为风水先生的专利。在这种情况下，真理被有意无意地歪曲。时至今日，情形已大有不同，找水已经有科学的理论体系指导，在选定钻孔位置之前，大致要经历三个步骤：确定找水方向；实地调查访问；物探定井。

找水方向

在寻找地下水之前，需要把人们过去调查过的关于该地区的地质、地形、泉、井等资料详细地收集和研究，分析得出本区内什么地方可能含有地下水。例如在平原地区，主要是一些湖泊和河流冲积的砂层和砾石层中含有地下水，这种含水层的分布面积往往比较大，中国东部的几大平原都是如此。在河流附近，要找古河床中的地下水；靠近山麓的平原地带，要找洪积扇中的地下水。在山区和丘陵地带，情况要复杂一些。要找地下水首先要找含水性较好的岩层，比如砂岩岩层。一般来说，石灰岩、白云岩层裂隙和溶洞比较发育，尤其是质纯层厚的石灰岩，往往是很好的含水层。但值得注意的是，含水的岩层中并不是到处都有水，例如在石灰岩中打井，只有打到含水的溶洞和裂隙才有水，否则很可能是干孔。

调查访问

要寻找地下水，仅靠少数技术人员是不够的，还应发动和依靠当地群众，因为他们对当地的一山一水、一草一木最熟悉，尤其是一些找水的谚语，实际是劳动人民长期生产经验的总结，往往能较好地反映当地地下水的分布规律。比如"两山夹一嘴，必定有泉水"、"山扭头，有大流"等都包含一定科学道理。找水的过程中必须对现有的水井和泉水进行调查。要了解地下水是从哪一层岩土中流出来，含水层有多厚，水质好不好等，不仅要调查已经成功的水井，还要调查没有打成功的水井，综合分析过往找水的经验和教训可以使今后的找水更有把握。

山区和丘陵地区找水难度较高，不但要找到含水层，还要找有利于地下水汇集的地质构造，如断层破碎带处岩石破碎、裂隙发育，在石灰岩中的断层带往往有溶洞，含有丰富的地下水。但不是所有的断层破碎带都是含水的，有些已经被泥质充填或者胶结，也可能不含水甚至隔水。在向斜地层中，裂隙比较发育，同时岩层凹下，地下水往往向这里富集，常常出现丰富的地下水。还有不同岩石的接触带也是值得关注的地区，如富水性好的石灰岩层通过断层与富水性差的泥岩层接触，灰岩中的地下水向下游流动时受泥岩阻挡，地下水会富集在

接触带并流出地面成泉，那么在接触带的石灰岩一侧打井往往水量丰富。

物探定井

为找水进行的前期地质调查解决了有没有水的宏观问题，但要了解更详细的情况需要借助物探的方法。物探的手段多种多样，在应用前应与从事物探的技术队伍详细沟通，确保物探方法的有效性和结果的可靠性。值得一提的是，现有的物探方法都是基于探测地下含水构造来推断是否富含地下水，唯有核磁共振法可以用来直接探测地下水的存在状态，具有有高分辨率、高效率、信息量丰富等优点，是近些年来发展迅速的物探方法。

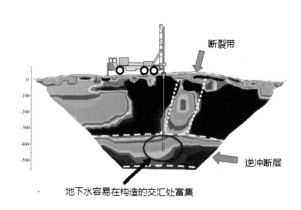

用物探方法发现断裂带与区域逆冲断层的接触位置，这是地下水容易富集的位置，打井的成功率较高（图片改编自：armgroup.net）

5. 地下水是纯净的吗？

相对地表水而言，地下水不易受到污染，所以人们长期以来形成了地下水水质优于地表水的观念。这一观念在很大程度上仍然正确，但也必须承认瓶装水企业的大量宣传让很多人对地下水的水质产生了不切实际的期待和幻想。地下水的水质理论上由物理、化学、生物指标共同决定。通常情况下地下水无色无嗅，也没有明显的味道，所以现实中我们仅仅关注地下水的化学和生物性状。

地下水的本底水质受两大因素共同控制：地下水所处的地质介质类型以及地下水与其接

触的时间长短。水在从地表渗入地下时，土壤中的微生物会对水质的改变起关键作用。这些微生物在降解土壤中的有机物时会产生二氧化碳，这会降低水的 pH 值并向水中提供碳酸氢根，所以碳酸氢根是地下水中最普遍也常常是浓度最高的阴离子。当地下水流程较长，与岩土接触时间更久时，水岩之间的风化作用可能

取代土壤层的生化作用而成为地下水水质的主控因素。风化矿物的化学成分不同，进入地下水中的无机离子含量也有所不同。值得注意的是，除表层土壤中天然存在的有机质之外，天然地下水中所含成分全部为无机物。一旦在地下水中检出有机物，大多数情况下可以断定这些有机物是由人为污染造成的。

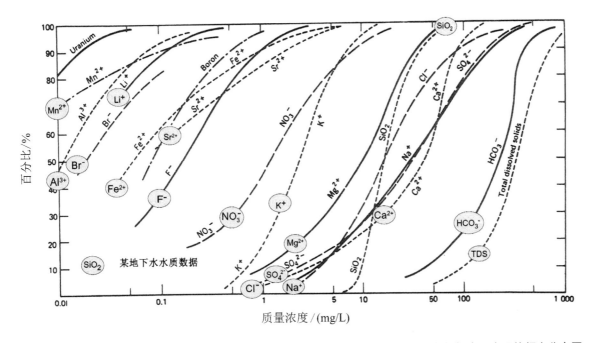

Davies 等在 1966 年统计了大量美国地表水及地下水中所含的化学成分并且绘制了各指标水平出现的频率分布图。图中蓝色圆点代表某一地下水样品在此分布图中所处的位置。例如标有 SiO_2 的圆点处于 SiO_2 曲线的顶部，说明此水样中的 SiO_2 含量较为特殊，高于绝大多数水样中的水平（图片改编自：Davies，1966）

上图来源于一项被广泛引用的研究成果。从中可见，地下水中的主要阴阳离子（常见质量浓度在几个到几十个毫克/升）分别是 K^+、Na^+、Ca^{2+}、Mg^{2+}、NO_3^-、SO_4^{2-}、Cl^-、HCO_3^-。这些离子的质量浓度总和常常占据天然地下水中溶解性固体总含量的绝大多数，在我国被统称为"八大离子"。硅在地下水中也普遍大量存在，但由于其常常被表达为非电离态而不在此列。在地下水科学里，常常把地下水中所含的各种物质（包括离子、分子和各种化合物）的总量称为地下水的矿化度。用来饮用的地下水，矿化度一般应小于1克/升，否则地下水会发咸发苦。

除上述主要成分之外，地下水中还含有痕量成分。正常情况下，这些痕量成分不会对人体健康造成负面影响，事实上有很多还

地方性氟中毒引起的斑釉齿[1]

①请图片拍摄者与本社联系。

是人体新陈代谢所必需的微量元素。少数情况下，完全天然的地下水中也会含有对人体有害的痕量元素，例如氟和砷，在饮用地下水中这两种元素含量过高构成了我国饮水型地方病的主要病因。

微生物在天然地下水中普遍存在，除因健康原因关注地下水中的大肠杆菌等常见细菌之外，地下水工作者已越来越多地对它们加以利用，例如利用微生物降解过程修复受到污染的地下水。地下水中某些元素的同位素（如氚、碳-14、氘、氧-18等）可以作为示踪剂对地下水来源、补给高度、年龄等特征进行推断。同位素方法发展十分迅速，已经成为地下水科学不可缺少的技术手段。

还有一种具有特殊水质的地下水，虽然不适合饮用，但可以肥田，过去的人们通常称为肥水。肥水多分布在古老的村镇附近，由于长期的人类活动，许多人畜粪尿、污水、污物、植物枝叶等经过微生物的分解，变成硝酸盐和亚硝酸盐，被雨水淋洗渗入地下水中，使地下水成为肥水。这原本是一种地下水污染形式，但在我国经济落后时期，化肥的使用远不如当前普遍，肥水是可供利用的生产资源，甚至围绕找肥水发展了一套经验方法。

6. 地下水如何运动?

水处众人之所恶，避高趋下，所以无往而不利，这种超然的境界引发了古今文人骚客的诸多感慨。如果用一句话来概括，地表水的基本运动规律就是"水往低处流"。而地下水的运动要复杂得多，要同时考虑地下水的位置和压力。

非饱和带中的水受重力和毛细力共同控制，重力使水分下移，而毛细力则将水分导向孔隙细小和含水量较低的部位。在雨季，非饱和带的水以下渗为主；雨后，非饱和带上部的水以蒸发蒸腾的形式向上运移，而一定深度以下的非饱和带水则继续下渗补给饱和带，两者之间的界限被称为零通量面，零通量面的位置

会随入渗过程不同而发生变化。入渗的多少取决于多种因素：一般来说入渗量占降雨总量的比例在10%～40%，我国南方岩溶区可达80%以上，西北极端干旱的山间盆地则趋近于零。

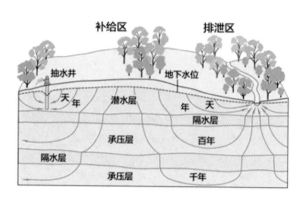

补给区入渗的地下水会汇集到饱和带，随后沿近水平的方向朝着排泄区运动，还有一部分地下水会通过更深层的地下水循环通道向排泄区运动。地下水流程较短的过程以天计，流程长的过程可能以千年计，甚至更长。图中还可以看到地下水在穿过地质界面过程中发生的"折射现象"（图片改编自：www.usgs.gov）

非饱和带中的水分含量随时间和空间分布而不断发生变化，而含水量的变化会相应引起岩土介质透水能力和保水能力的变化，加之浅表地层中生物活动的影响，水分在非饱和带中的运移机理较为复杂。虽然有针对这一过程建立的经验公式，但由于变量繁多，机制复杂，本领域的理论研究和实践需求衔接程度较低，因而非饱和带往往被地下水工作者看作一个"黑箱"，仅从输入和输出过程来考量。

进入饱和带的地下水受含水层基底的阻隔，向下入渗的过程受到抑制，主流方向演变为近水平方向，向着河流和大海的方向前进。在地层深部虽然也有地下水的赋存和流动，但由于压力较大，孔隙的数量和连通性有限，所以仅在地热利用等特殊领域有实际意义。通常意义上的"地下水流"，仅指地下数百米以内饱和地下水的近水平运动，受水头高低和岩土分层共同控制。

有细心的读者会有疑问："我在济南看到过喷涌而出的泉水，难道这里的地下水往高处流了吗？"我国习惯上把这类喷涌而出的泉水称为"上升泉"，其产生的原因是承压地下水

中的压力在泉口释放，压力水头转化为位置水头，造成了"水往高处流"的现象。如果考察总水头，仍然会符合地下水水头沿流动方向降低的总规律。这是因为真正决定地下水运动方向的是地下水的总水头，其等于位置水头、压力水头及动态水头的总和。其中动态水头较小，可以忽略不计。如果地下水在 A 点的压力水头远远大于在 B 点的压力水头，即使 B 点的位置高于 A 点，地下水仍可以从 A 点流向 B 点。

地下水在流经地质界面时常常会发生"折射"。举例来说，受重力沉积方向的影响，地层在水平方向更容易导水，水平方向的渗透系数常常比垂向渗透系数大几倍甚至几十倍，在特殊地质条件下这一差别可能达到数千倍，所以不难理解地下水在含水层中常常沿水平方向前进。相反在隔水层中地下水因受到阻隔无法沿水平方向运动，但仍然可能在垂直方向传递上下含水层的水头差，所以隔水层中的地下水流动往往是垂向的，这就是地下水折射的一种表现。再比如说，地下水通过水平相邻的两个地质体界面时，由于二者渗透系数不同，所以会形成不同的地下水力梯度，也是一种折射。

平原和盆地是我国主要的人口聚集区，这里的浅地表往往分布着松散的沉积物，岩土间孔隙比较大，是地下水赋存的理想场所。我国对平原 - 盆地区地下水的利用，大约占到了全部地下水用量的一半。新中国成立以来对平原 - 盆地区地下水的大量开发，已经改变了这里地下水的天然流动状态。虽然地下水的总体流动方向仍然朝向江河湖海等大型水体，但局地水流系统已多被人类的地下水开发活动控制，地下水向着抽水形成的地下水降落漏斗中心流动。以地下水开发较为集中的华北平原为例，原来相对独立的地下水漏斗已逐渐扩大汇合，成为华北平原复合地下水漏斗，2005 年漏斗面积已达到华北平原总面积的一半以上。在此类地区，仅凭地形起伏已无法准确推断地下水的真实流向，需长期的地下水位监测数据方能综合判断。

除平原 - 盆地区孔隙地下水外，岩溶区地下水也是重要的地下水水源。碳酸盐岩（石灰岩、白云岩）由于其具有可溶性，一般储水空间较大，常常是流通性好的含水层。我国碳酸盐岩分布较广，有的直接裸露于地表，有的埋藏于地下，不同气候条件下，其岩溶发育程度不同，特别是北方和南方地区差异明显。受气候原因影响，南方的岩溶现象发育多比较成熟，南方岩溶地下水往往分布在地下暗河系统中，流通性极好，反而不易开发利用，常常造成"一场大雨遍地淹，十天无雨到处干"。这与地表水的特性比较接近，而地下水的流动也几乎完全由岩溶管道的空间形态决定。北方岩溶区的特点是地下水在入渗时较为分散，在流动过程中逐渐形成较大的汇流网络，最终集中排出，往往形成大型、特大型水源地，成为城市与大型工矿企业供水的重要水源。梁永平等将我国北方岩溶区划分为 119 个子区，其中最具有代表性的子区包括山西的娘子关泉域（7 000 多平方公里）和山东的趵突泉域（上千平方公里）。

我国是多山国家，山地、高原、丘陵约占国土面积的七成，基岩山区地下水是我国分布最广的一种地下水类型。但除岩溶山区外，基岩山区的地下水资源一般较为贫乏，不适宜集中开采，但对山地丘陵区和高原地区的人、畜用水有重要作用。基岩山区的地下水流动较为直观，一般与地形坡向一致，同时受地质构造条件控制。比如构造破碎带往往比完整的岩层富水性好，从而会控制当地地下水的流动；又比如地下水在流经岩性界面时往往受阻并以泉水的形式出露。

7. 地下水与地表水有何不同?

构成人类身体的水分子相比我们自身而言"阅历"丰富得多：有些去过南极冰川，有些来自大洋深处，有些曾在大气层边缘游弋，有些则经受了地球深部炼狱般的磨难。要将地球表面的水以地表水和地下水的概念严格分开绝非易事，因为它们各自仅仅是水循环的短暂而局部的表现形态。地表水可以渗透形成地下水，地下水也能够进入河湖和沼泽，成为地表水。

10

狭义地说：地表水指陆地表面暴露的河流、湖泊和沼泽三种水体，不包括海洋、冰川以及生物水；而地下水则指储存在地表以下20千米以内地层孔隙中的水。地表水是极为活跃且重要的水资源，但资源总量仅为地下水的1%。

地下水和地表水分别处在不同的容器中，这导致了它们的运动形式有鲜明的区别。地表水的运动几乎完全受地球重力场的控制（在湖泊中还要更多地考虑温度场和风的作用）；而地下水的运动则受含水层介质类型和其中的重力场共同控制。较为特殊的是在饱和地下水面之上的非饱和带，在这个气—水—土三相系统中，表面张力常常取代重力场成为主导因子。地表水流主要出现在坡面、溪流与河川中，运动速度快；而地下水流主要出现在连通性最好的地下含水层中，一般流速极慢。

地表水源于冰川溶解或大气降水，原生的矿物成分较少，在坡面与河道中径流时虽然会溶解一些矿物质，但由于其与岩土接触时间较短，总体来说矿物质含量较低。地下水在出露前往往与含水层中的岩土有长期充分的接触，其化学成分常常受含水层岩性的控制，矿物质含量也通常明显高于同一地区的地表水。在山区进行野外作业时，通过测量溪流沿线的电导率（在某种程度上代表水中所溶解的矿物质含量），即可迅速了解本区域内地下水的排泄情况。

地表水的温度受地表和大气温度控制，必定出现昼夜和季节变化；而地下水的温度受含水层中温度梯度分布控制，几乎从不出现昼夜变化，大型含水层中的地下水温甚至不随季节变化。所以温度变化也是识别地下水以及评价地下水循环速度的有效指标。

人们对地表水和地下水的科学描述体系也完全不同。地表水的流动几乎永远为紊流状态，常用明渠水动力学描述，而流量为地表水的主要描述参数；地下水的流动多数情况下为层流，一般用达西定律描述，而地下水位是其主要描述参数。

地下水与地表水之间存在普遍且持续的交换。这种交换不仅限于水量，还包括其他物理、化学、生物以及能量等要素。有时地表水体与饱和含水层直接在接触界面上进行水的交换，但更常见的情况是两类水体通过非饱和的岩土界面进行交换。在前一种情况下，两个相接水体享有共同的水头；而在后一种情况下，两个水体沿着各自独立的水力学轨迹进行运动。

地表水循环速度较快，受地势和雨情影响强烈，水少为患水多亦为患，常需要举国之力治理才能变害为利，为人所用。而地下水则是稳定得多的特殊水资源。它分布广泛，俗话称"山多高，水多高"，即指地下水随地形起伏均有分布，即使离河川湖库较远也可支持社会生活；它循环缓慢，成语讲"井水不犯河水"，即指地下水不随地表水涨落成患成灾，无论丰枯年份都能稳定供水，而且水质良好。人类向更高社会形式进化时，必然尝试摆脱各类资源限制，所以开发地下水资源在人类发展历程中带有必然性。

地表水暴露于地表，极易受到污染，但污染物会在强烈的水循环中被稀释和移除；同时由于生化反应中消耗的溶解氧可以得到快速补充，很多污染物在地表水中的降解速率也相对较快。地下水，尤其是处于排泄区的地下水，则相对较难受到污染。然而，在长期的污染负荷作用下，地下水水质也会逐

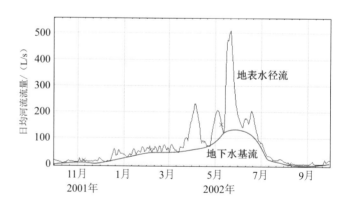

某河段流量中，地下水排泄量对河道河流总流量的贡献。可见地下水的流量涨落与地表水相比要平缓得多

渐恶化，其恶化的速度与当地地下水的循环速度、污染物特性以及地球水化学环境相关。这一恶化趋势常常在相当长一段时间内不为人所知，最后累积成为严重问题。由于地下水的自然更新时间本身就很长，再加上很多污染物会滞留在岩土颗粒表面从而延缓自净和稀释过程，所以地下水的自净过程还可能远远长于地表水的自然更新时间。

地下水与地表水的污染在时间尺度上存在极大差异。地下水每年的运行距离为几十米（富水性很差的含水层）到几千米（富水性较好的含水层）。由于可供观察地下水污染的监测点很少，当在某地发现地下水受到污染时，污染过程往往已经持续了数年甚至数十年。同样，当耗资巨大的地下水治理工程开始运行时，也需要数年甚至数十年的时间才能使地下水污染得到明显改观。地下水中溶质浓度的变化速度与含水层容量及取用层位相关：穿透巨厚含水层的大型供水井中的水质特征一般较为稳定；相反，仅仅切穿含水层一小部分的民用井中的地下水污染特征可能在数月内发生明显变化。

尽管地下水和地表水有时具有相似的污染源，但它们的污染特征有显著不同。地表水的汇流条件好，水流集中，其在流域内的累积污染负荷和污染防治成果可以在流域出口进行直接观测。相对而言，地下水的受体在空间上较为分散，其排泄受地形、含水层分布、补给来源、抽水井分布等多重因素影响，这造成衡量地下水污染仅仅依靠有限的监测井或其他地下水出露点取得的点状污染信息，场地或区域尺度上的总污染负荷极难估算，这为地下水污染调查与评估增加了很多不确定性。

历史上的水资源管理往往将地表水和地下水分别管理，仿佛它们是互不相关的两类环境要素。在水资源管理水平逐渐提升的过程中，我们已无法否认对其中之一的开发必定会引起另一方水量和水质的变化。几乎所有的地表水体都会与地下水进行沟通，有时地下水向地表水补给水量和矿物质，有时地表水对地下水进行补给并同时改变地下水水质。地表水的引用

有时会引起地下水位的降低，而地下水的抽取可能会引起地表水的枯竭；两类水体中存在的污染物也可能由于水量的沟通而影响彼此的水质。因此，地下水与地表水的联合管理是水资源管理发展的必然方向。这对一国的科学发展水平、数据共享程度、社会运行机制要求甚高，我国水资源管理在新中国成立以来虽然取得了喜人的进展，但距离此目标仍有相当长的距离。

8. 中国有多少地下水？

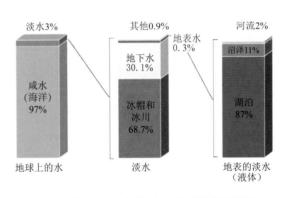

全球水的分布，地下水占到了全球淡水资源的30%
（来源：Gleick,P.H..Water resources.In Encyclopedia of Climate and Weather.Ed.by S.H.Schneider.New York:Oxford University Press,1996:817-823.）

水无定形而取势低洼，雨无定时且强弱随机，所以水资源注定在空间和时间上分布不均。人们容易加以利用的河流、湖泊等地表水体，其储量仅占全球淡水储量的0.3%；而地下水占全球淡水资源的30%。虽然地下水总量很大，但由于开采条件限制，真正为人们所用的地下水量与其总量并不成比例。根据水利部发布的《2011年中国水资源公报》，2011年中国的可用地下水资源量为7 214.5亿立方米，仅占当年地表水资源量的三成。如果把这些可用的地下水平均铺在中国国土表面，只能淹没8厘米深。

中国位于欧亚大陆东部，东部季风气候盛行，降水较丰富，西部则干旱少雨。受板块运动影响，青藏高原强烈隆升，不仅造就了中国现代季风性气候和西高东低的阶梯状地貌特征，而且使区域水文地质形成条件复杂多变。总体来看，中国地下水的储藏条件由气候、地

貌、构造、古沉积环境和诸多地域性形成因素共同控制。气候条件中的降水量和蒸发量直接影响着水资源的补给量；地形、地貌控制着地下水的补给、径流和排泄特征；含水层的介质类型和结构则决定了地下水的运行和储存能力。从总量来看，中国地下水资源量在世界范围内处于中游，但由于人口众多，中国人均地下水资源量水平很低，仅仅好于中东、北非、西亚的少数干旱国家。

中国地下水分布具有明显的地域性，在西北地区，大型断陷内陆盆地堆积了巨厚的新生代松散沉积物，是孔隙地下水的主要分布区；东部地区是中、新生代的大型裂谷盆地分布区，松嫩盆地、渤海湾盆地和南黄海 - 苏北盆地内沉积了巨厚的新生代松散沉积物，成为中国东部地区孔隙地下水的主要分布区；四川盆地和鄂尔多斯高原则是以中生代孔隙、裂隙地下水为主；江南地区的中东部以基岩裂隙地下水为主，西南部则以岩溶地下水为特征。由于盆地形成、发展历程及古沉积环境不同，各盆地中的含水层相互独立，各成体系，并具有明显的多层性。近几十年来，中国水文地质学者从不同角度出发，对中国区域地下水分区进行了深入研究。2004 年，张宗祜、李烈荣主编的《中国地下水资源与环境图集》采用地貌、含水层、大河流域作为分区指标，将全国分为 13 个水文地质区，代表了中国目前区域水文地质的研究水平。

第二篇　观察地下水

9. 如何观察地下水？

地下水的隐蔽性强，除泉水、井水等集中排泄地带外，没有可供直接观察的天然窗口。古希腊的哲学家认为海水从地球的底部流到了诸山的山顶，然后流下成为清澈的泉水。即便是知识普及如此充分的今天，如果对普通民众问出"地下水是从哪里来的"这样的问题，相信仍然会有很多人回答："是从地下河来的。"

今天的水文地质工作者已经了解了地下水在水循环中的位置和作用，但仍然十分缺乏细致的、定量的地下水数据。地表水的水量和水质可以较为容易地测量，而地下水的特征则需要花费不菲的打井费用才能得到。由于经费限制，地下水监测网常常较为稀疏，发展中国家自不必说，即便是发达国家的地下水工作者，最头疼的也往往是数据量不足的问题。地下水在国民经济中发挥的巨大作用，和其在社会运行里受到的冷遇形成了巨大的反差，古今中外，概莫能外。

如需了解特定位置的地下水物理化学特性，一般需要建设监测井，地下水通过监测井的滤管进入监测井从而与外界沟通。除特定位置地下水的理化参数之外，人们还关注地下水通过某些特定截面的通量，这一物理量在地下水露头处之外一般无法直接测量，通常需要使用达西定律将水量问题转化为水头问题计算得出，这就需要对监测井内水头进行观测。还有一些间接观察地下水的方法，比如通过地质填图、岩芯描述、物探等手段观察赋存地下水的地质体特性；或者通过水文试验、示踪试验等手段人为刺激含水层并观察其反应；又或者观察岩体和地下水的理化特征来推测地下水的运动特征。

为了揭开地下水神秘的面纱，人们已经开发了多种手段用于观察地下水（图片改编自：pubs.usgs.gov）

1– 地下水水位监测；2– 抽水试验；3– 地下水采样分析；4– 河流及泉流量观测；5– 地下水污染监测网络；6– 地球物理勘测；7– 遥感；8– 示踪试验；9– 地表地下水交互作用观测

14

对地下水的勘察是耗资巨大、周期较长的工作，一般需要分阶段进行。首先在国家层面协调进行水文地质普查，了解区域范围内地下水的埋藏、分布以及补给、径流、排泄特征，概略估计地下水资源的数量和质量，为国民经济规划提供基础资料。在此基础上可以进行各类精度不一、目标各异的专门性地下水勘察，例如，地下水污染调查、供水水文地质勘察、矿床水文地质勘察等。

10. 如何打井？

井是人类与地下水之间最重要的桥梁，也是中国不可或缺的文化符号。古时常有"因井为市"的情况，在井边设摊经营，一是解决商人、牲畜用水之便；二是可以洗涤物品。《史记》记载："古者相聚汲水，有物便卖，因成市，故曰市井。"市井一词也一直沿用至今。

我们可以从井中抽取地下水用于各种用途，可以通过抽水人为降低地下水位以协助矿产开采或工程施工，可以抽水缓解坝下压力或改造土壤，可以通过抽水控制盐水入侵、移除污染物或提供水力屏障；我们也可以向井下注水作为储备水源，注入特定溶剂以修复含水层

一个典型的传统小型泥浆回旋钻进现场，照片右下方是码放在枕木上的钻杆，钻机右边是现场挖掘的水池用来盛放循环使用的护壁泥浆

污染，或在适宜的含水层注入污水作为处置手段。

井是直接观察地下水的窗口，而钻探与成井往往是观察地下水时最为重要、通常也是最为昂贵的工程项目。钻探工作可以取得关于地下水的多重信息：

- 通过对土芯、岩芯的观察可以了解地下水赋存的地质介质；
- 而对这些固体样品的采样分析可以确定地下水污染源的分布；
- 成井以后可以定期观测水位并分析地下水流场变化；也可以定期对地下水进行采样来观测污染物的运移；
- 可以通过钻孔对地下水流场和溶质场进行扰动从而观察含水层的反应，进而确定含水层相关参数；
- 也可以在井内安装特定仪器从而进行含水层的勘察。

取芯钻探工程中采集的岩芯样品被码放在岩芯箱中，地质工程师对岩芯编录之后形成钻孔柱状图存档

钻探通常昂贵而耗时，存在不能成井的风险，而且受多种场地条件的制约，所以井位的选择应做到谨慎周密。确定井位前应对现场遥感图片、高程信息、前期水文地质报告以及现有钻孔信息进行综合分析。这一阶段的分析工作常常会遇到各种实际困难，例如水文地质资料难以获取、遥感及高程信息缺失、工作区地下水缺乏、地下水在基岩山区分布不均等。这时可以使用地面物探手段对地下介质情况进行初步勘察。实际工作中，更为有效的途径是咨

询在工作区附近有过打井经验的人员，并且实地勘察邻近的供水井或监测井，获取地层、水位、水质等信息，选择适当的钻探工艺和成井方案。

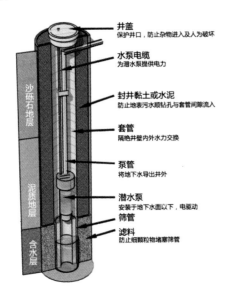

一口典型水井的示意图

（图片改编自：www.epicwelldrilling.com）

钻探造成的地下空洞，在岩土稳定性差的时候不能自持，会在地层压力的作用下坍塌，这时必须使用套管和筛管保护孔壁。套管可以支持孔壁同时隔绝壁内外的水力交换，而筛管在支持孔壁的同时还可以允许钻孔内部与外部含水层进行水力交换。筛管是一口井最核心的部分，在安装筛管前需要详细了解钻孔内部的分层情况以确定筛管的安装方案。对于供水井来说，筛管的布设应在保证水质良好的情况下尽量提高出水量；而对于监测井来说，筛管的布设应保证达到监测目标层位水位水质的目的。为防止筛管上的透水孔隙被淤泥封堵，一般需要在筛管和钻孔之间的孔隙内填满粗沙，称为滤料。

筛管是井的"心脏"而滤料是井的"肺"，打井过程中常常为"心肺"引入淤泥和杂物，从而影响井的功能，所以在打井的最后阶段需要使用水泵或空压机鼓动井内存水对筛管和滤料进行冲洗，从而去除含水层原有和打井过程中引入的细粒物质，完成洗井过程。

11. 为什么要观测地下水位？

向大海要地是中国的传统。除去"精卫填海"的神话传说，根据记载，中国早在2 000多年前的汉朝，就已经在进行沿海开发，土地不够了，就去围海造地。不仅是在中国，荷兰、日本、韩国、英国、阿联酋等国家都在进行类似的围涂工程。在这样的工程地点观测地下水位是必需的，也容易受到公众的理解；然而观测地下水位的意义远远不仅如此。地下水受重力场驱动在地下介质中运行，而地下水位是定量描述此驱动因子的最重要参数。严格来说，地下水位应被称作"水头"，代表地下水中蕴含的机械能，而地下水总是从水头高处流向水头低处。地下水的水头一般包括位置水头和压力水头两部分。在潜水含水层与大气交接的地方即潜水面，压力水头为零，位置水头即代表实际的水头；在承压含水层中，地下水受到隔水顶板的限制，产生大小不等的压力水头，位置水头与压力水头相加为总水头，所以承压水的水头总是高于隔水顶板的物理高度。

水头一般在井中测量，但井中的水位并不一定代表与其连通的含水层的水头。例如，我国专门用途的地下水监测井并不多，实际工作中常常需要在开采井中测量地下水位。在开采量较大时，地下水在穿过筛管进入井内的过程中会损失相当大的水头（井损），使井内水头与含水层内水头出现较大差距。再如，为了获得最大的抽水量，有些水井通过多段滤管同时开采不同的地下层位，此类水井中的水位混合了多个含水层的水头信号，所以也不能代表单个含水层的水头信息。

从单口井中测量所得的水头数据往往缺乏实际意义，但如果区域内有多口水井的水头信息，则可以通过分析这些水头信息来获得对地下水系统的了解：

● 地下水的流动方向是其最核心的运动状态特征，也直接决定着污染物的运移轨迹。地下水从水头高处流向水头低处，根据各点水头数据绘制等水头线后可以推断目标含水层各处的地下水流动方向。根据等水头线的形态也可以推断不同含水层之间，以及含水层与地表水之间的补排关系。在小范围内，理论上仅需三个水头点即可确定当地地下水流向。但在实际工作中地下水流场扰动因素较多，且受测量精度限制，三个点往往不足以准确推断地下水流向。

- 特殊地质体的水文地质特性往往是制约地下水及污染物运移的关键因素，这常常可以通过分析其周边的水头信息进行推断。例如，断层两侧水头相差甚远，或者断层附近有泉水出露（也是水头差的体现），则说明此断层具有阻水性质。又如不同岩体的接触边界两侧，其富水性由于介质原因通常存在差异，而此差异必然在水头分布上有所体现。

- 水头场仅仅反映地下水流动的趋势，地下水实际的流量和流速还由含水岩层的储水和渗水特性决定。通过研究地下水头在天然及人为刺激下随时间的变化，可以推断含水介质的水文地质特征。举例来说，在水井建设完成后常常会进行抽水试验，即在已知抽水流量的情况下观察井中水位的变化，以此测试含水层的富水性和渗透性。

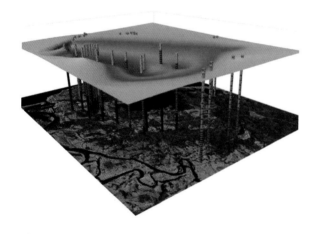

地下水位是地下水最重要的物理量之一，通过观测并汇总区域内多口监测井的水头信息，可以对地下水系统的运行状态产生整体的认识。图中众多短柱为监测井的三维展示，通过对这些监测井水位的统一分析可以得到地下水的潜水面（蓝色曲面）

12. 如何用抽水试验观察地下水？

含水层不同位置的水头差形成了地下水运动的原动力，但这种原动力如何转化成地下水的真实流动则是另外一个问题。含水层的特性是决定地下水实际运动状态的主要因素。在实际工作中，人们常常通过定量抽水从而在可控条件下人为制造出较为明显的水头差，以此来推断含水层的特性，这是了解含水层参数的最常见手段。

最常见的含水层参数是渗透系数（K），表征地下水流通过含水层的难易程度。它经常与含水层厚度（b）联合成为导水系数（T）来表征含水层的综合导水能力。传统的地下水工作者多以寻找充足的地下水源为己任，他们的主要工作目标就是寻找渗透性强（K 值大）且含水厚度（b）大，也就是导水系数（T）较大的地层。在实际工作中，这类地层被称为"富水性强"的含水层。贮水系数（S）是另外一个重要的参数，表征含水层自身在水头降低时的释水能力。含水层参数（K 和 S）的重要性在于它为含水层的水头升降与地下水的流入流出建立了直接关系，从而使地下水的渗流理论成为一套自洽的理论体系。

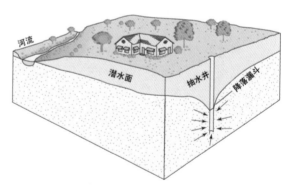

从井中抽水时会产生以抽水井为中心的地下水降落漏斗（图片改编自：geology.er.usgs.gov）

从井中抽取地下水时，周边含水层中的地下水会形成以抽水位置为中心的降落漏斗。水文地质学家针对不同类型的含水层和抽水形式给出了降落漏斗形态的数学表达式，但无论形式如何变化，其核心内容都是降落漏斗在各处的降深被表达成为时间、空间以及抽水量的函数，而导水系数和贮水系数是这一函数关系中的主要参数，表征含水层的原生性质。比较著名的抽水理论模型有针对承压含水层的 Theis（泰斯）公式；针对有越流的承压含水层的 Hantush-Jacob 公式；针对潜水含水层的 Neuman（纽曼）公式等。如果已知含水层的参数，则可以预测这个漏斗的形态，也就是抽水井周边水位的变化；如果通过实地观测得到了周边水位的变化，则可以根据适合的数学模型反推出相关的含水层参数。

在野外开始抽水试验的时候，现场人员往往手忙脚乱，一面调节抽水流量，一面观察水位，还要监控各仪表设备的工作状态，所以试验初期的数据往往"上蹿下跳"，存在误差。但是在多数抽水试验模型中，试验前期数据所占的权重较大，这时就需要对试验前期与后期数据的可靠性进行比较和取舍，合理确定含水层参数。

设计抽水试验是一门科学，实施抽水试验是一项工程，而分析抽水试验数据则是一门艺术。所谓科学，是指抽水试验的基础是有关地下水的各种数学模型，人们必须深刻理解这些数学模型的物理意义和适用条件；所谓艺术，指的是不同类型的含水层常常会对抽水做出非常类似的水头反应，所以分析人员必须具有丰富的经验和技巧。

数学模型是真实世界的高度提炼和简化，其中忽略了众多环境因素，在有迹象表明抽水试验受到外界因素干扰时，应在相应的阶段（设计、实施、分析）加以考虑。例如：

- 若抽水试验中排出的地下水可以很轻易地重新渗入所测试的含水层，则抽水试验就变得毫无意义。所以应使用一切手段阻止试验排水重新进入测试含水层，包括管排入河、使用有衬砌渠道等。可以使用测压管来验证渠道是否存在漏水现象。

- 若试验区附近存在其他抽水或注水进程，或者试验期间出现降雨和灌溉事件，又或者抽水时段内含水层存在水位的自然季节

性波动，则所有这些进程都会产生水文信号并最终被水位监测井捕捉。在分析抽水试验数据时应考虑这些冗余信号并将其剔除，以获得含水层对抽水进程的真实响应。

- 理想状态下，抽水井为中心的降落漏斗会持续向远处延伸。但有时抽水井附近会存在水力边界，如隔水边界和补给边界。当降落漏斗扩展至这些边界时，边界的存在会对监测井内水位变化产生增强或抵消作用。有经验的地下水工作者能够在监控监测井水位数据趋势时探测到这一"触界"过程，从而灵活调整抽水策略、延长抽水时间，以期更为精准地把控和描述这些水文边界。

- 地下介质从来都不是均匀的，使用单一的渗透系数描述含水层的透水性有时会出现问题，需要一些补救措施。例如地质介质一般沿重力方向沉积，这一方向由于多种因素（冲积物的排列、局部隔水层等）影响，其渗透系数常常远小于水平方向的渗透系数，这时可以将两个方向的渗透系数分别考虑从而解决各向异性的问题。又例如裂隙含水层中地下水的流动常常由主断裂方向控制，这时可以采取旋转坐标系的办法，将主断裂方向作为纵向，其垂直方向作为横向，两类渗透系数分别考虑从而解决各向异性问题。

13. 为什么要做物探？

地下介质的含水特性处处不同，但由于种种限制不可能处处打井，所以工程量小得多而且相对简便快捷的物探手段是钻探工作的有益补充。所谓物探，是地球物理勘探的简称。物探手段的最大应用领域是传统经济资源的勘察，如石油、天然气、矿床等。在过去的数十年中，在巨大经济利益的推动下，地球深部（1 000 米以深）物探技术（尤其是地震法）得到了突飞猛进的发展。而地下水主要蕴藏在地壳浅部，一般埋深在 250 米以内。相对

而言，物探技术在地下水探查方面的应用发展比较缓慢。

多种物探技术已被证明可以有效识别含、隔水层及其他重要构造的形态和位置，或者地下水的优先通道，甚至地下水的污染程度。但可惜的是，相当多的地下水科学家和工作者对物探的结果并不认可。造成这种现象的原因除了物探知识普及度不高等客观原因之外，更重要的是多数地下水工作者在其生涯中都或多或少地对物探结果产生过失望情绪，有时是由于物探队伍的水平不够；有时是由于物探的成效事先被片面夸大；有时则是因为其他的勘察方法都已被证明无效而物探方法只是被作为权宜之计。

我国的地下水调查工作通常有比较严格的预算制度控制，很多情况下，物探工作的列支只是充实工作预算的一种财务手段而并非严格论证后选用的技术方法。在这样的背景下，出现一些似是而非的低质量物探工作成果也就不足为奇了。

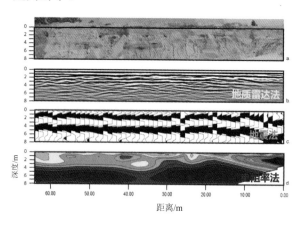

图中为分别采用地质雷达法、地震法、电阻率法对某地岩土（上图）进行勘察的结果，每种物探方法都能从某一方面反映当地的情况，研究者需要综合手中各种信息进行专业判断（图片来源：Bowling et al, 2007）

物探方法的原理多种多样，在不同场地效用也各有不同。如位场法和重力‑磁法测量技术适宜于区域含水层勘察和盆地尺度勘察；地震法适合勘察基岩裂隙含水层；但最为常见的还是电磁类方法，因为地下水工作者们最为关注的还是含水层的渗透性和贮水性，而这两类性状都可很好地与电导率信号建立联系。

从传统意义上来讲，人们进行物探主要是为了避免打出干井，或出水量很小的井。但目前物探的目标已较为多元化，比如扩充钻孔中所得的地质信息进而支持地下水模型的构建，或是支持地下水污染勘察工作。常见的物探方法分类概述如下：

磁法：这是一种探测特定地质体或地质现象对地球磁场扰动的方法。早在20世纪早期，这种方法就已经在矿产和油气资源勘探中广泛使用了，然而这种方法较少在地下水工作中使用，主因是地下水并不携带磁信号。相应地，磁法物探主要用于通过勘察含水层构造来间接推断地下水的性状。这种方法尤其适用于探测硬质地层（火山岩和变质岩）中的断层等地下储水构造。磁法在调查地下污染源时也有应用，比如用来探测地下埋藏的储油罐等金属物品。

重力法：地质体的密度变化会对重力场产生扰动，所以通过监测重力场的异常即可获得地质体异常的信息。这类方法在地下水工作中的应用也不算多，比较突出的案例是寻找夹在重质岩层中的轻质岩层（通常是沉积岩）；石灰岩就是一种沉积岩，而且容易发育含水构造。

电法：这是调查地下水时最常用的物探手段，因为岩层的电性质和它们的含水率之间通常存在较强的相关关系。多数电法都会使用电极接地通电以产生电场，然后通过测量其他位置的电势来推测地下地质体的电性质。一般来讲，泥质含量或含水量较高的地层会表现出更强的导电性。

核磁共振法：与其他物探方法探测含水构造不同，核磁共振法是目前唯一的直接探测地下水的物探方法，近20年来在国内外得到了迅速发展。它利用一定的方法使地下水中氢核形成宏观的磁矩，这一宏观磁矩在地磁场中产生旋进运动，其进动频率为氢核所特有。用线圈拾取宏观磁矩进动产生的电磁信号，即可探测地下水的存在。因为核磁共振信号的幅值与所研究空间内的水含量成正比（结合水和吸附水除外），因此它构成一种直接找水技术。与传统的地球物理勘测地下水的方法相比具有高分辨率、高效率、信息量丰富和解唯一性等优点。

甚低频法：全球有 11 个主要台站在不间断地发射甚低频电磁波，当这些电磁波在传播过程中遇到类似断层、岩脉以及地层边界等垂向面状的地质现象时会被扰动从而产生信号，而这些地质现象常常对地下水的运动有直接影响。这种方法十分简便，可用来进行快速普测从而确定地质异常区域，当测线的布置方向与地质现象方向垂直时尤为有效。

电磁法：这一方法在近些年中得到了快速发展。与电法相比，电磁法无须向地面植入电极，可以在非接触状态完成测量，从而大大提高了工作效率。这种方法通过线圈在地面上方产生交变电磁场，交变电磁场在通过地下介质时会激发出次生电磁场，通过监测次生电磁场的性状就可以获取对地下介质的了解。电磁法主要分两大类：时间域电磁法（TDEM）通常用于测量地质体的深度；频率域电磁法（FDEM）一般用于测量地质体电导率的突变情况。

地震法：声能量在地下传播的动态可以反映地下介质的属性。地下水工作中使用的地震法通常考察纵波在不同密度的地质界面上产生的折射作用；相对而言，石油勘探中使用的地震法通常考察纵波的反射作用。实际工作中，地震法常常被用来勘察松散层和基岩的界面。

14. 如何采集地下水样品？

地下水与含水介质长期接触，携带了大量信息，所以人们常常出于各种目的采集地下水样品进行化学分析，进而获取有用信息，例如，此地下水从哪里补给？何时补给？是否适合饮用？是否受到人类活动的影响甚至污染？修复工程是否有效等。

地下水的采样工作多数情况下是在井中进行的。当我们对一口井抽水时，首先流出的是井管内部的存水，随后是筛管外滤料层中的存水，最后才是从其导通的含水层中流出来的新鲜地下水样品。毫无疑问，在任何情况下，地下水的采样目标都应该是存在于含水层中的新鲜地下水。

我国地下水工作正在逐步从供水工程单一主导向多元化方向发展，这也促使地下水采样工作的内涵和外延相应地发生了变化。在供水工程主导阶段，我国地下水监测水平不高，专用地下水监测井较少，很多情况下都是在水源井中采样进行常规离子和化合物分析，用来了解地下水的基本化学组成、简单推断其地球水化学的演化过程和确认是否适合饮用。条件虽然简陋，但由于水源井持续抽水，而且监测因子大多化学性质稳定，反倒能保证样品的代表性。但若由此推广开去，认为所谓的地下水采样就是"有人抽水接一瓶，没人抽水舀一桶"，那就大错特错了。

我国地下水污染防治工作已全面展开，这时如果仍然沿用在供水主导阶段形成的旧思维就行不通了。人类已知的化学物质数以千万计，很多都可能演变成地下污染物，要搞清楚它们在地下三维空间中的分布情况谈何容易；更何况地下介质是包含土、岩、水、气、油的多相系统，污染物在这些相中的理化性质和分配规律千变万化。在这种情况下，要想通过地下水

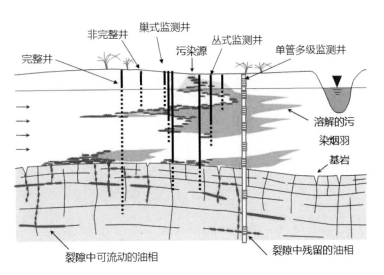

地下水中污染物赋存的形式多样，在采样过程中不可拘泥于某种特定形式，应根据污染场地具体情况有针对性地制订采样计划（图片改编自：www.waterra-in-situ.com）

采样来摸清地下水污染的程度和范围，研究污染物的生发机制和运移机理，进而设计各类措施对污染进行限制、阻断、移除和修复，不下一番工夫是万万不行的。

很多发达国家和地区都针对地下水污染采样过程制订了标准和规范，它们形式各有不同，但核心思想大同小异：地下水污染采样并不是在水井打好后顺便采一个样品进行简单化验，也不是在已有的监测井中按照相关规范采集地下水样品的过程，而是以获取地下水污染信息为最终目标，合理确定水平方向和垂直方向的监测范围和精度，结合现有监测井并按需布置新增监测井，选择适当的钻井及成井工艺，根据监测目标确定采样方式，根据被监测物质的理化性质确定送样和分析规范，最终获取地下水污染物分布特征的系统性工程，在实施前一般需要制订完备的采样计划。

地下水采样的监测目标五花八门，对应的采样规程也各不相同：比如氧化还原电位只能现场监测，阳离子样品要加酸固定，阴离子样品要冷冻保存，有些样品不能接触空气，有些样品要排除气泡，有些样品必须使用玻璃容器等。无论监测目标如何变化，一次完整的采样过程应当至少包含以下内容：

- 任何情况下，只要打开汽车引擎盖，都应该抽出机油尺查看机油液位；与之类似，只要打开井盖就应该测量静水位，水位动态信息是地下水工作的核心信息，再多也不嫌多。

- 进行任何形式的化学测量或取样前应保证井孔内的滞水已经排空。

- 携带实时水质仪器，用于测量地下水的现场参数，如 pH 值、电导率、溶解氧等。这些参数不仅对地下水质具有重要的指示，同时也可以作为新鲜地下水稳定流出的标志信号。

- 应保证地下水的主要常规化学成分（以"八大离子"为代表）得到测试，这些测试并不昂贵，但可以提供重要的基础性信息。

15. 如何调查地下水污染？

当污染物进入河流时，由于河水的水动力循环非常活跃，污染物的混匀时间很短，其过程也不易干预，人们很少会花费精力去研究污染物在河道内特定时间的分布规律。地下水污染则不然，由于运动缓慢，从污染产生到受污染地下水出露并造成实质性损害尚存一定时间。在目前的科学技术发展条件下，可以在对地质介质、水文地质条件、污染物特征的调查和分析基础上，通过科学的预测手段，预测地下水污染的去向和影响规模。同样由于地下水污染进程缓慢，根据下游保护目标的敏感程度，可以对地下水污染的自然运移过程进行人为工程干预从而减轻损害，这也是地下水污染防治工作的理论依据。

既然地下水污染调查必要而又可行，那么接下来要考虑的就是如何有效地对地下水污染进行调查。如果我们询问地下水污染调查人员最需要什么，答案几乎肯定是"更多更好的数据"！污染物在地面之下的三维空间中缓慢运动，要准确把握这一动态需要大量的实际观测数据。到目前为止，进行地下水污染调查的主要依据仍然是基于钻孔进行的各种观测和试验，这种点状的信息源注定是稀疏的，而在革命性的新技术来临之前，可以预见这一价格高企的手段仍将是主流。也就是说，在相当长的一段时间内，地下水污染调查的主要矛盾仍将是高昂的调查费用和相对缺乏的数据之间的矛盾；专业人员面临的主要挑战也将是如何使用有限的工作预算获得尽可能多的污染信息。

地球物理方法（物探）因其无破坏性、可遥测地下介质多种特性的三维变化、效率高、成本低等特点，在国内外地下水研究中受到青睐。20 世纪 60 年代以前，物探方法的应用集中在找水方向，很少用于污染领域。欧美发达国家从 70 年代起对地下水污染的关注为物探方法的应用提供了新市场。实践证明，物探方法在地下水污染调查方面大有用武之地。但不可否认的是，我国物探领域在基础理论、方法创新、新设备研制、标准试验场建设等方面，与发达国家存在较大差距，相当多的地下水科学家和工作者对物探手段仍然存在偏见，认为其"不准确、不可靠"的大有人在。

地下水污染调查的核心内容，不外乎搞清楚"有没有污染？严重与否？污染从何而来？向哪里去？"这几个问题。第一问解决污染的筛查与识别，第二问探寻污染的程度和范围，第三问诊断污染责任的归属，第四问指导污染防治的方向。

由于经常性的数据缺乏，地下水污染调查

常常是从一个假说出发，通过实地验证从而修正和丰富此假说，透过现象看本质的过程。毛泽东在《实践论》中提出的"去伪存真，去粗取精，由此及彼，由表及里"的方法论在这里完全适用。所谓"现象"就是我们手头掌握的区域信息、钻孔信息、物探成果、水文监测、环境监测、水文试验数据等资料。所谓"假说"，就是科学工作者根据现有资料提炼出的污染场地的概念模型，包括铁轨——含水系统的地质构架、列车——地下水的运动特征和乘客——

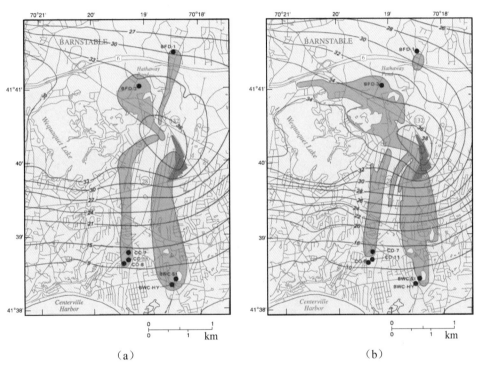

(a)　　　　　　　　　(b)

地下水污染调查的关键步骤是建立正确的场地概念模型，上图为对同一区域采用不同的概念模型得到的捕获区结果。图中浅绿色区域为红色抽水井所对应的污染捕获区。图(a)将区域概化为二维单层模型；图(b)为三维多层模型。显而易见，概念模型不同有可能产生类似的地下水流模拟结果，但体现在污染物运移方面其结果可能大相径庭（图片摘自 www.usgs.gov）

污染物随地下水的迁移。开始，人们只有"几个通缉犯正在乘火车潜逃"（在某处井水中发现不明污染物）这样粗陋的概念模型。通过有针对性的调查，发现列车正行驶在京广线上（区域含水层结构），罪犯是三个操方言的诈骗团伙（主要污染物识别和筛查），位于火车的第七节车厢（污染物所处的特定地点及其扩散范围），从郑州上车（污染来源），准备在广州下车（污染物的潜在受体）。如此往复对概念模型进行细化，方能最终制订出万无一失的抓捕

方案（地下水污染防治方案）。可见，地下水污染调查是理论与实践、室内工作与室外工作、假说与验证相互迭代，不断深入，不断细化的过程。

地下水污染是地下水的流动场与污染物的浓度场耦合而产生的结果，前者是载体，后者是核心，密不可分。但由于二者存在一大一小、一公一私的区别，在实际工作中常常被区分甚至割裂开来。所谓大小，即地下水的流动具有区域性，往往补给区和排泄区相隔甚远而具有

内在联系；而污染区域只占完整水文地质单元中的一小部分。基础水文地质调查是必须也只能是由政府推动的大型工程，而地下水污染调查的范围一般来说相对较小。调查地下水污染时既要兼顾区域性地下水流动状态，又不能无限外推，把污染调查变成地下水调查。地下水污染调查必须建立在充分收集已有水文地质普查成果的基础上，同时还要充分利用场地周边已有的钻孔和其他现有设施。所谓公私，即地下水的流动场具有公共属性，其调查属于国家职能的一部分，结果也利国利民；而污染物的产生和责任认定往往牵涉个人和小团体的私利，所以这两类工作在融资和管理方面都存在明显的区别。

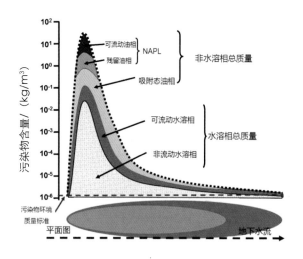

油类污染物进入地下后形成水—土—气—油四相的复杂系统，大大提高了污染调查的难度。图为地下有机污染的典型质量分布图，由高到低分别为可流动油相、残留油相、吸附态油相、可流动水相、非流动水相。人们在下游监测井中检测到的污染物通常属于可流动水相，但由于其通常只占地下总污染质量的一小部分，因此仅关注此部分污染极易造成舍本逐末、事倍功半的后果

　　地下水污染不是凭空而来的，抓不住污染源就抓不住问题的实质，所以尽管很多情况下地下水污染源并非水相，但工作人员仍需花费大量精力进行调查。绝大多数地下水污染源于地面附近的土壤污染，由于土壤对污染物有滞留作用，在雨水淋滤条件下会缓慢释放从而形成长期稳定的污染源，所以地下水污染调查通常要辅以土壤污染调查。此外，非水相油类

（NAPL）污染也常常可以充当"缓释"污染源。有些油比水轻（LNAPL），会向下穿过土壤层"漂浮"在潜水面之上，被周边经过的地下水缓慢溶解；有些比水重（DNAPL），就直接穿过含水层滞留在其底板附近，而且沿途会遗留油团，此类污染行踪更加诡秘，常常令人头疼。

16. 什么是水文地质图？

　　如今，信息技术已较为发达，在世界的任意角落，只要接入互联网就可以看到各地清晰的卫星图片。但地下水不如地物那样直观，仅凭照片无法看出端倪，其信息的图形化需要使用特殊的手段。水文地质编图是地下水工作中一项经常的、大量的科研实践活动，它是大量调查研究成果的综合体现，反映了地下水的特征及其赋存、分布、形成和发展的规律性。

　　地下水的流动由重力场和地下介质类型共同控制，所以此二类信息的明确表达就成为水文地质图的基本功能。因此，地形图也就相应成为任何水文地质图编制的基础条件；不仅如此，一幅完整的水文地质平面图至少应该包括一张剖面图，以直观展示地形的起伏、地层的垂向结构和接触关系。水文地质图的另一基础是平面地质图，即岩层和地质现象的平面展布信息图。在地质图上增加地下水调查点信息可以得到水文地质图的雏形，在此基础上将与地下水运动无关的地质信息弱化，同时根据制图目的增加关于地下水赋存和运动的相关信息，这样就可得到一张完整的水文地质图。值得注意的是，地质图上所表达的地质体不一定是当地的主要含水层，而这正是水文地质图的关注重点，所以水文地质图与地质图中所表达的岩层并不一定完全一致。

　　水文地质图的绘制一般从水文地质调查开始，包括地质 - 水文地质测绘、水井和泉点调查、钻孔信息等点状信息；随后结合地形、地质条件的分析和综合，完成从点到线（等值线图）、由线到面（平面图和剖面图）和由面到体（含水层边界划分）的演绎过程，最终编制成各类

水文地质图，包括单一要素的分析型水文地质图，或多要素的综合性水文地质图。

水文地质图是前人地下水调查成果的精华，是绝大多数地下水工作（尤其是大、中尺度的地下水工作）的基础和出发点。小尺度的地下水工作更加依赖现场勘察工作的成果，可以自行编制场地水文地质图，但仍可从区域水文地质图中借鉴很多背景信息。新中国成立后地质调查部门在全国范围内进行了区域水文地质普查，积累了丰富的基础资料和较为完整的区域水文地质图库，但由于各种原因，这些资料仍处在缓慢"解密"过程中，尚未完全做到公开共享。

一张叠加在三维地面模型上的水文地质图，不同的颜色代表含水层岩性，红色直线代表断层，蓝色曲线代表河流。根据岩层空间形态、富水性、地面高程分布和构造控制即可对地下水的补给、径流及排泄形成初步认识

17. 如何管理地下水数据？

世界发展到今天，如果哪个行业还不正视信息化建设，就说明这个行业已经远远地落在了时代的后面。地下水的相关工作会产生大量的、多种形态的数据和信息，单纯通过传统纸媒出版业来展示和传播这些信息早已无法满足社会的要求。在我国许多城市，地下水是重要的供水水源，对当地的经济社会发展起着十分

重要的作用。但由于监视监测手段比较落后，难以对地下水空间资源、地下水功能区等实施有效监控，地下水使用的现状与动态不清，用于地下水管理的基础信息匮乏，地下水动态评价与决策支持等高层次信息服务更无从谈起。不合理利用地下水现象突出、资源浪费严重、重要生态系统退化等问题日渐凸显，已经严重阻碍了国民经济的持续稳定增长。在这种情况下，借鉴发达国家的经验，在国家及地方层面建立地下水信息管理和动态监测系统就显得尤为重要。

地下水信息管理囊括了水文地质数据从产生，经过汇总、分析、加工，直至发布的全过程。地下水信息管理的最终目标是提供数据的集中存储，以保证数据的有效使用，但其首要任务是通过一系列规则与流程保证数据的可靠性，避免错误信息轻易进入系统。一个完整的地下水监测信息管理系统，其基本功能包括如下几个要素：数据采集、数据存储、数据操作、数据展示和数据验证。

数据采集：地下水的数据主要产生于监测井，对于常规的水位、水温、盐度动态监测，目前已有成熟的商用技术与产品，理论上已经可以实现全自动仪器监测，这是地下水数据的主体。数据采集过程还应辅以少量的人工监测，如较全面的水质监测需通过人工取样分析获得水质监测数据，地理、地质、钻孔数据以及社会经济信息采集也需人工进行，按照有关规范操作。另外，对水温水位的观测还应包含零星的人工校验性观测，以及恶劣环境下的人工替代观测。

数据存储：地下水相关信息在历史上通常以数据表、文字和其他形式存储，信息提取劣势显而易见。若需实现地下水信息的电子化，

则必须首先规定其电子数据格式，也即数据库结构。全球已有诸多机构发布了非商用地下水信息数据库结构可供参考。数据库是任何信息系统的物理和逻辑基础，引用和修改任何现有数据库结构的用户应注意同时维护一部数据字典，对数据库中所有条目进行详尽描述，作为解释此数据库结构的唯一来源。地下水原始数据多数可以被描述为点状信息，具体包括：

- 地质数据，例如钻孔记录；
- 地下水数据，例如水位埋深及涌水量；
- 工程数据，例如筛管位置、成井工艺等；
- 设备数据，例如水泵、监测仪型号规格等；
- 物探数据，包括地面物探和钻井物探；
- 水力数据，包括含水层渗透系数、导水系数和储水系数等；
- 水位数据；
- 水质数据；
- 取水量数据；
- 其他数据，如地形数据和流域数据等。

在理想情况下，上述信息应存储在统一位置，数据库中应包含监测井、水位、水质信息等核心数据，也可包含空间信息、图件、文档等扩展数据。但是，将上述信息完全迁移到数字化数据库中需要耗费巨大的资源。在资金、人力有限的情况下，应优先将地下水水位、水质等变化因子数字化，因为这两类数据产生速率远大于其他信息，而且电子化后的数据验证工作将大为简化。

数据操作：数据操作是把点状数据转换成空间信息、时间序列或统计数据的过程，一般以水文和水文地质工作者的要求为准。数据操作的目的是更清晰地展示地下水资源的相关特征。最为常见的地下水数据操作是针对地下水水头和水化学数据的操作。对地下水水头所进行的最基本数据操作不外乎两类：绘制地下水水头等值线和绘制地下水水头动态图。地下水化学分类是水文地质信息的重要组成部分。一个完整的地下水信息系统应至少包含地下水中常见主要成分的图形展示功能，如 Piper 图、Durov 图和 Stiff 图。地下水化学虽相对稳定但的确会随时间发生变化，在对其分析时应注意水化学的时间演化对分析结果造成的影响。

数据展示：数据展示是地下水观测活动的最终结果，其形式主要有数据报表和阐述性报告两种。数据报表即向相关方递交的经过验证的数据，通常有表格报表和图形报表两种形式。根据需求的不同，数据报表的内容不尽相同，有些报表是一次性的，比如监测井信息报表相对固定，只需一次生成；而有些报表则为持续型报表，如地下水常观井的水位水质年度报表等。无论数据报表的形式如何变化，其中的数据类型应该主要包含以下几类：

- 地下水数据（水位、水化学）；
- 泉水数据（水位、排泄量、水化学）；
- 河水数据（水位、流量、水化学）。

阐述性报告以数据报表为依据，是对当地水文地质条件、水资源循环、水化学演化等过程做出的综合性评价，其内容由委托方、法规、政策以及本单位的要求所决定。

数据验证：数据验证是地下水信息管理系统的有机组成部分，其目的是确保数据在采集、传输、分选、存储和随后的操作中没有误差和错误出现。数据验证不属于地下水信息管理系统的某一个组件，它应出现在地下水信息管理系统的所有组成部分中。

地下水信息系统中的数据是否可靠，归根结底要看数据采集过程中是否严格遵循了标准的作业流程。为此，信息系统应确定一系列关键文档，包括指南、标准、规范等，用于保证数据的统一性和完整性。我国在历史上存在"多龙治水"的管理体制；20 世纪 90 年代后我国发展的主要诉求逐步从摆脱贫困转变为可持续发展，地下水工作也逐步从供水工程单一主导向多元化方向发展。各级部门在从事此类工作时已经开发了一套标准体系，虽然内容有所重叠、边界有时不清、质量也参差不齐，但已可以作为框架使用。针对尚无规范指导的具体需求，可以参考和借鉴发达国家已有的标准。

对于按照标准体系进入数据库中的数据，还可以通过在信息系统中部署一些功能来对数据的内在质量进行分层次验证。首先应剔除一些明显的错误数据。例如：

- 水位高于地面；
- 埋深大于井深；
- 水中阴阳离子不平衡（误差大于 ±5%）；
- TDS（总溶解固体）结果与电导率结果不一致；
- BOD（生物耗氧量）大于 COD（化学耗氧量）；
- 水中离子构成与 pH 值结果不符；
- 水位数据明显错误或与周边同期观测值存在较大差异。

随后可以通过地下水专业知识进行验证。例如对于水位信息，常见的验证手段有：

- 可对地下水水头等值线图进行分析，等值线较为集中的井位代表了偏离周边水位较远的数据，可对此区域重点核查，常常可以找到数据错误；
- 对同一监测井的长期水位数据作图，可以轻易找到错误的水位数据；
- 可以使用简单的统计手段，如计算数据序列的方差，偏离中值达 3 倍方差以上的数值较为突出，可作为进一步验证的对象。

对于水质信息，常用水化学图来辅助验证过程。如 Piper 图中的偏离点和 Stiff 图中的异常形状，均表明水质的异常情况，在对其进行重点验证过程中常常可以发现数据错误。

条件允许的话还可以对地下水数据进行更为高阶的验证，主要指使用高级统计学方法对数据的空间和时间分布进行验证的过程。通过对时间序列的统计学分析可以估算出某时间点最有可能的参数数值，随后将实测值与此可能值进行比较即可定位异常数据。常见的高阶验证的方法包括 Kendall 检验、Sen's Slope 和趋势回归等。

任何形式的产品，其开发过程必须遵循科学规律，在其生命周期各阶段都需要市场部门、设计部门、制造部门以及其他部门的合理分工协作。地下水信息管理系统也不例外，其开发

应遵循如下生命周期：系统计划、概念开发、系统设计、细节设计、测试改进以及产品推出等阶段。

- 计划阶段：地下水资源具有天然的外部性，相关工作一般由政府主导，资本市场少有涉足。故计划阶段一般由地下水监管部门主导，但论证过程应有产品设计单位和制造单位参与，确定产品平台和系统结构，确定本领域可用技术和生产前沿，识别生产限制，初步锁定供应链。另外，计划立项过程应积极争取财政部门支持，以便日后合理分配项目资源。

- 概念开发：地下水信息系统的应用领域目前集中在水资源水环境监管部门，及其相应的科研机构。在开发阶段应充分了解此类最终用户的真实需求并快速开发原型产品，在对此改进的过程中明确设计概念，同时开始核算软硬件制造及部署成本。

- 系统设计：设计部门应完成软硬件核心模块的研发，在此基础上市场部门进行扩展产品和外围模块的设计和完善。制造部门应开始识别关键部件和关键代码的供应商，执行自制与外购分析，定义最终装配部署计划。

- 细节设计：设计部门完成硬件、软件设计控制文档与开发指南；制造部门应定义生产流程，制造和购买硬件，编写软件代码，定义质量控制流程。

- 测试改进：设计应对硬件可靠性及寿命进行达标测试，对软件进行性能测试并同期进行设计更改；制造部门应进行改进制造和装配工艺、培训现场工作人员和改进质量保证流程等工作。

- 产品推出：开始向关键用户提供早期产品，收集反馈后进入实质性的软硬件部署阶段。

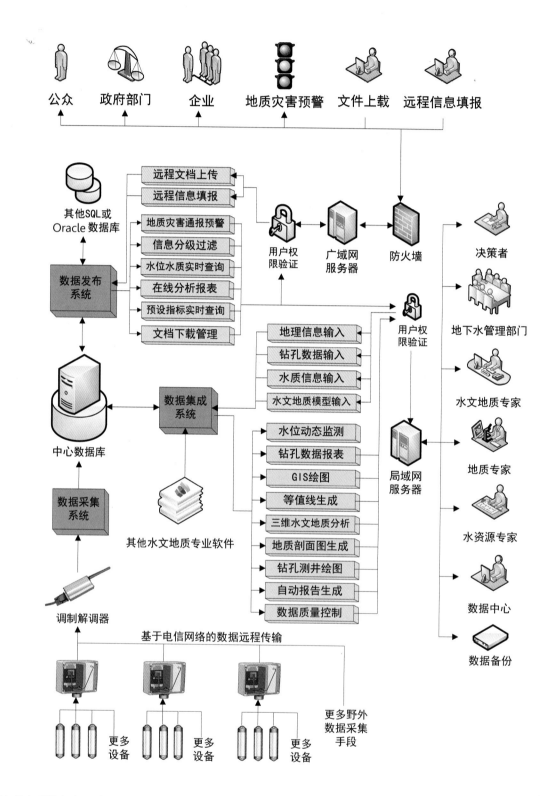

数据发布

公众　政府部门　企业　地质灾害预警　文件上载　远程信息填报

数据集成

其他SQL或Oracle数据库

远程文档上传
远程信息填报
地质灾害通报预警
信息分级过滤
水位水质实时查询
在线分析报表
预设指标实时查询
文档下载管理

数据发布系统

中心数据库

数据采集系统

数据集成系统

其他水文地质专业软件

地理信息输入
钻孔数据输入
水质信息输入
水文地质模型输入

水位动态监测
钻孔数据报表
GIS绘图
等值线生成
三维水文地质分析
地质剖面图生成
钻孔测井绘图
自动报告生成
数据质量控制

用户权限验证　广域网服务器　防火墙

用户权限验证

局域网服务器

决策者
地下水管理部门
水文地质专家
地质专家
水资源专家
数据中心
数据备份

调制解调器

基于电信网络的数据远程传输

数据采集

更多设备　更多设备　更多设备　更多野外数据采集手段

通用的地下水信息系统框架示意图。此构架规模宏大，涉及要素较多。在实际工作中，地下水相关管理单位可以在此框架基础上，因地制宜，根据自身资金技术条件选择相匹配的系统构架

第三篇　理解地下水

18. 地下水科学如何发展至今？

　　人们早在远古时期就已经广泛使用地下水，但对其认识却长期停滞于工程实践和哲学思辨，并没有发展出成型的科学体系将二者融合。19世纪中叶，法国水力工程师达西通过实验得出了线性渗透定律，结束了地下水科学的混沌状态。其后的科学家们分别从数学、物理、地质、地球化学等角度对地下水科学进行了探索和构建。到第二次世界大战结束时，地下水科学已经发展成为一门成熟的学科，囊括了地下水的赋存、运动、补给、排泄、起源、化学成分变化、水量评价等一系列理论和研究方法。

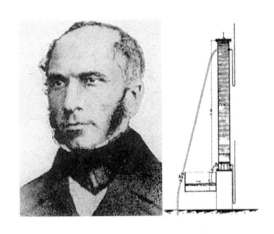

法国人亨利·达西奠定了地下水科学的基础，右图为达西实验的原始装置图，土柱直径 0.35 米，高度为 1.71 米（图片来源：biosystems.okstate.edu）

　　战后的地下水科学发展受到了两波浪潮的影响：一是凝聚人类力量的信息技术浪潮；二是限制人类力量的环境保护浪潮。二者都是人类发展历史上里程碑式的事件，对人类社会产生了深刻的影响。由于计算机技术的发展，到20世纪70—80年代，地下水数学模拟成为理解复杂地下水问题的主要手段。而合理开发和保护地下水资源的社会要求也为地下水科学的应用提供了广阔的空间。此外，众多地下水科学工作者也从遥感、同位素、矿产等不同角度丰富和发展了地下水科学体系。

　　我国的地下水科学发展在新中国成立后主要分两个阶段。20世纪50—70年代是创业阶段，建立了一批管理机构和专业队伍，也成立了一批培养地下水人才的专门院校。这一时期在基础理论方面以苏联的学术思想为指导，在全国区域水文地质普查的基础上，主要开展农业水文地质和城市供水水文地质工作。70年代以后是我国地下水科学的大发展阶段，主要受西方学术思想的影响，在原有基础上逐渐向环境水文地质学、水资源水文地质学和信息水文地质学的方向发展。

19. 达西定律是什么？

　　地下介质形态千变万化，地下水的实际运动九曲回转，这使得从微观尺度描述地下水的运动困难重重。达西在1856年提出了达西定律，即地下水在多孔介质中的渗流速度与水力坡度成正比。这个看似简单的定律是如此深刻，以至于100多年后它仍然在地下水科学中占据绝对统治地位。达西定律将在岩土缝隙中蛇行的地下水流高度抽象化，将其视为均匀连续的黏性流体，从而避开了直接处理微观尺度上的复杂水动力过程。人们关注地下水的流动状态，即通过某一地下截面的流量，但可以观察的仅仅是少数位置上地下水的水头，达西定律在二者之间建立了直接的关系，形成了地下水科学的基本方法论。

地下水的实际微观运动极其复杂

初次接触达西定律的人可能会对它的有效性产生怀疑，因为它毕竟忽略了很多复杂的微观过程。然而令人略感惊奇的是，达西定律在创立100多年后仍然能巍然屹立。地下介质极其复杂，在若干观察点上获得的有限数据远远不能完全刻画其复杂性，这一矛盾使得地下水科学成为精确性较低的粗放型科学。在当今条件下，这一数据的供需矛盾仍然普遍存在，也为大而化之的达西定律提供了充分的生命力。此外，身处不同地区的化学家可以各自测量空气中氧气的含量而得出相似的结果；但地下水科学家的工作则通常只能局限在研究对象当地，因为赋存地下水的地质介质处处不同，而达西定律仅仅为相对独立的工作提供了一个线性框架而无须向其他场地移植参数，这也显著降低了达西定律所面临的压力。

达西定律有其局限性。最明显的例子与达西定律的基本假设相关，达西定律不考虑地下水的微观流动，所以其应用必须保证系统足够宏观以至于可以忽略水流的微观属性。由此可以得到特征单元体的概念，不同类型介质的特征单元体大小不同，但所研究的系统尺寸必须显著大于其相应的特征单元体方可应用达西定律。一般情况下，特征单元体的大小仅是抽象概念，并没有直接测量的办法，所以在移植使用现场测得的渗透系数时不可避免会引入由尺度转换而产生的不确定性。达西定律常常被引

申用于描述地下水污染物的运行轨迹，而地下水污染源和污染烟羽的尺度常常小于特征单元体的大小，这些原生的不均匀性与达西定律的均匀连续假设的矛盾常常对地下水溶质运移的刻画提出挑战。

20. 如何描述地下水的流动？

地下水的流动状态可以在泉眼、抽水井以及其他地下水的露头位置使用其流量信息进行直接描述。在没有地下水露头的区域，需要使用势场（地下水水头的分布）来描述地下水流场。根据现场资料的多寡，这种描述可以从不同层次进行。

如果没有现场工作基础，可综合使用地形、水文、水文地质平面及剖面图等区域基础资料，定性分析地下水的补给、径流、排泄趋势。一般来说，水文地质图上会标注地下水的流动方向，这是制图的地下水工作者在对区域地下水条件综合分析后所作的专业判断，具有很高的参考价值。但值得注意的是，绘图者着眼于区域条件，图中地下水径流方向仅为概略展示，并不能生搬硬套。尤其在小区域内影响地下水流动的局部因素很多，经常发生与区域流向不一致的现象。

如果有现场监测井水位数据，则可结合地下水露头地段（泉、河流、湖泊等）的高程，手工或使用计算机辅助绘制地下水等水头线，得到地下水流向的空间分布。等水头线是观察地下水流向和流速、降落漏斗位置、补给区面积以及河流与地下水交互关系的重要工具。

如果同时具备数据支撑和技术支撑，则可对目标地下水进行数学建模，同时使用达西定律和质量守恒定律作为控制方程，结合概化后的边界条件和初始条件，从而得到地下水流向、流速的空间分布。由于数学模型可以保证地下水运动在空间上处处符合达西定律和质量守恒定律，所以由此得到的地下水流向、流速的空间分布较简单对水位内插得到的地下水等水头线更为科学和准确。

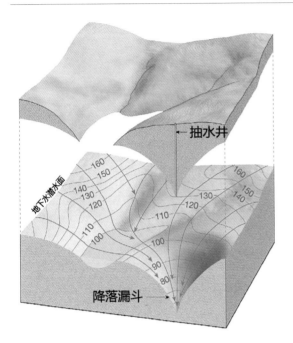

一张典型的地下水等水位线图，其中绿色曲面为地表，蓝色曲面为潜水面，灰色闭合线段为等水位线，蓝色箭头为地下水流动方向。地下水流动方向总是与等水位线垂直。在本图中，抽水井袭夺了本应流向附近河流的地下水，体现在等水位线图上就是在河流附近出现了密集的环状闭合等水位线，代表了抽水降落漏斗的存在（图片改编自：Pearson Prentice Hall, 2009）

21. 如何量化地下水的流动？

人们对地下水的诉求，归根结底会落实在地下水的流量上：供水井每年可开采水量是多少？矿井排水需要配置多大功率的水泵？含水层每年的地下水可开采量是多少？多大范围的地下水受到了污染？处理多少吨的地下水才能使其水质达到标准等。

比较容易观测的是地下水排出地表的流量：开采井或排水井的出水量可以直接安装水表或使用堰箱进行观测；比较集中的泉水可以在出口设置堰渠，观测过水高度并通过经验公式换算为流量；有些地下水排泄地带与地表水混流而不易观测，这时可以通过分别观测排泄区上下游的河道流量进行差减得到地下水的排泄量。

地下水在同一含水层中的径流量是地下水科学的主要研究对象。人们习惯于使用线性关系将地下水径流量与地下水水力坡度联系起

来，这一关系被称为"达西定律"，是地下水科学中最为基础的科学定律。达西定律中引入了一个参数"渗透系数（K）"用来描述含水层的导水性质。含水层的渗透系数大时，其导水性能好，单位水力坡度所维持的地下水流量也相应更大。渗透系数最常见的测量途径就是在开采井内维持一定的抽水速率，通过观测当地水力坡度的变化来反推含水层的渗透系数，这一过程被称为"抽水试验"。当进行足够多的抽水试验后，我们就对当地含水层的渗透系数分布情况有了宏观上的认识。这时，只要定时观测当地监测井中的地下水位，就可以获得相应的水力坡度信息，再加上对含水层渗透系数的了解，我们就可以概略把握地下水的径流量。若要进行更精细的流量计算，则可以将空间和时间离散化进而建立地下水数值模型，这样可以得到模型内任意位置上的地下水流动状态。

一般来说，地下水的流动速度很慢，常见含水层的渗透系数范围是每天几厘米到几米。特殊情况下地下水的流速可以很快，粗粒的沙质含水层流速会大一些，可以达到每天几百米；岩溶含水层就更了不得，最高可以达到每天好几千米甚至更高。

地下水在不同含水层之间的交换量是更加难以直接测量的物理量，例如基岩山区地下水向山前冲积平原含水层的侧向补给量、潜水含水层形成降落漏斗后深层承压地下水向上的补给量、断层导水带与周边基岩地下水之间的交换量等。这些流量信息几乎不可能进行直接观测，通常的做法还是将其转化为线性的达西问题进行间接观测，或者根据水均衡的原则通过观测其他水量进行差减。在水文地球化学研究充分的情况下，有时可以通过使用某些化学物质的含量作为示踪剂而得到不同含水系统间水量的交换信息。

地下水的补给量是极其重要但又是最难以捉摸的地下水流量信息。在山区，地下水的补给受地形、气象、植被、土壤、水文、地质等多重因素共同控制，而这些因素又处处不同，所以基于下垫面研究的补给类观测方法所能提供的信息量有限。实际工作中最常采用的测量

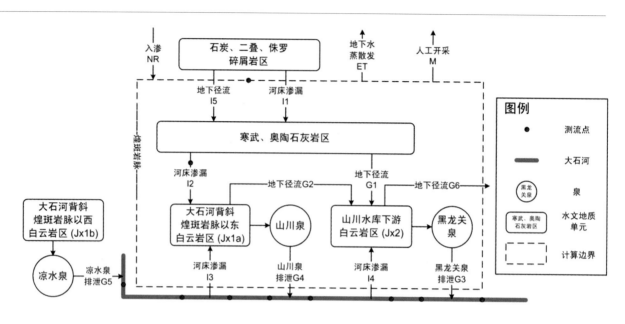

地下水资源量的计算是一项定量考察地下水的经常性工作。图为北京市房山区黑龙关泉域范围内的地下水均衡框图，地表水流量、井泉的排泄量、降雨量、河床渗漏量等是容易观测的水量，通过观测这些水量，同时根据当地水文地质条件建立起地下水均衡概念模型，就可以推算出不易直接观测的地下水入渗量，也就是区域内地下水资源量，从而为北京市的国民经济发展提供基础性支持（图片来源：北京市岩溶水资源勘查评价报告，2013）

山区地下水补给量的方法是将其等价为流域内地下水的排泄量，前提是有足够长的数据系列来抵消地下水存储量的变化。山区地下水排泄量一般包括：河川基流量、山前侧向流出量、地下潜流量、未计入河川径流的泉水流量、潜水蒸发量以及地下水开采净消耗量等。河川基流量的测量技术最为成熟，所以一般选取水文地质条件清楚、补给边界明确、流域出口存在有效阻水机制造成地下水全排泄的和以河川基流排泄为主的山区进行地下水补给量的测算。

与山区相比，平原区的地下水排泄过程较为复杂，而入渗补给过程相对简单，不能将补给量一概等价为排泄量进行测量，应根据具体情况灵活设计观测方案。

22. 地下水也有"流域"吗？

人要心灵澄明，就得时时读书，不断补充新知识，才能达到新境界，所谓"问渠哪得清如许，为有源头活水来"。水是活跃的环境因子，单纯研究此时此地水的流动，往往流于肤浅；若要深刻理解水的流动，还要在空间上向

上，时间上向前，追溯水的来源，这就形成了流域的概念。

地表水流域较容易认知，只要追踪干支流河道，流域就展现得很清楚。人们对地下水"流域"的认识则要晚很多。起初，打井取水只注意水井附近含水层的局部，区区几口井之间的关系也很难说得清楚。工业革命以来，人类的生产力大大提高，需水量和开采能力也飞速增长，井群长期采水使地下水位不断降低，于是人们认识到含水层中的水是相互联系的。长期大量开采地下水，不仅降低了区域的地下水位，而且导致地面沉降、河流断流、湿地消失、海水入侵、植被退化等问题。这时人们才意识到，地下水虽然反应缓慢，但它却是一个内在统一的整体，结结实实地连接着人类的生存环境。这时就有必要考察地下水的"流域"，也就是地下水系统。

地下水在本质上仍然受重力场控制，所以其流域与地表水流域有许多相似之处，尤其是在地形起伏较大的山区，地下水的流域与地表水的流域常常是重合的。在这种情况下，地下水在上游接受补给，沿地形起伏向下游径流，最后在排泄区汇集排出地表，自成一个相对独

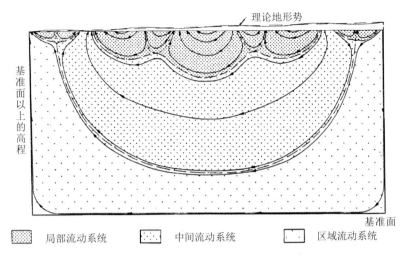

理论地形势

基准面以上的高程

基准面

:::: 局部流动系统　∷∷ 中间流动系统　▫ 区域流动系统

在托特（Toth）之前，人们认为在一个含水系统中，地下水总是从地势最高的地方沿近似水平的方向，朝着地势最低的地方流动。然而托特使用三角函数的波动来近似地势的起伏，以精妙的形式给出了区域地下水流场的解析解，证明了地下水是向着所有局部低点流动，而非仅向区域最低点流动。这样就形成了多级地下水流系统，级别之间的流动形态和时空尺度都各不相同（Toth，1963）

立的地下水流系统。处于同一水流系统中的地下水，往往具有相同的补给来源，相互之间存在密切的水力联系，形成相对统一的整体；而属于不同地下水流系统的地下水，则指向不同的排泄区，相互之间没有或只有微弱的水力联系。显而易见，清楚地了解地下水系统划分是地下水工作的基础和前提；如果对地下水的补给、径流、排泄条件都不清楚，合理使用和保护地下水资源就无从谈起。

地质条件千变万化，而地下水总是挑选最易通过的途径流动，这种"短路"现象常常会扭曲地下水的流动状态，使其变得更为复杂，所以前面提到地下水和地表水分水岭重合的情况仅仅是特例，不重合才是常态。地表上的江河水系基本上呈平面状态展布；而地下水流系统往往自地表面起可达地下几百上千米深处，形成空间立体分布，并自上到下呈现多层次的结构，这是地下水流系统与地表水系的另一个明显区别。不仅如此，地表水的干支流是"线流"，一般比较集中和稳定，可以通过大量集中的工程措施改变其流动方向和状态；地下水的流动是"场流"，比较分散且容易波动，在气候变化、补给条件变化或者人为开采条件的影响下都会发生变化，这种变化有时会非常剧烈，甚至会引发原本隔离的地下水系统间的地

下水袭夺现象。

地表江河不断汇聚，可以在同一时间尺度内组合成面积广达几十万乃至上百万平方千米的大流域系统。地下水流动的阻力大得多，流域范围的扩大会引起时间尺度的量级提升，超出人类的认知范围，所以实践中认定的地下水流域范围一般比较小，而且存在流域嵌套的现象，小尺度内的地下水流向常常与区域尺度的地下水流向不一致。根据托特的研究，在性质均一的含水层中，仅受地形的控制就可形成多级地下水流系统，其流动形态和时间尺度各有不同。

23. 什么是地下水模型？

地下水流场在地下空间三个维度和时间维度上都存在变化，而人们又不可能把地层打成筛子在各处观测地下水。如何考察监测点之间以及监测网以外的地下水的流动和污染状态让科学家们大费脑筋。最简单的办法当然是观察水在土柱中的流动，但这一办法也有明显的缺点：我们只能在土柱两端进行控制和测量，而这远远达不到科学家们要求的精度。在此基础上，人们想出了很多新奇的办法在实验室再现

第三篇　理解地下水

地下水系统，比如：

- 在薄箱中使用黏稠的液体来再现地下水的流动，用液体分子间的黏滞作用来模拟地下水受到岩土的阻滞作用；
- 用紧绷的薄膜代表潜水面，用钉子按压薄膜表面来代表抽水井，这时可以通过测量薄膜的变形程度来模拟潜水面所受到的影响；
- 一度非常流行的电模拟法利用了电流和水流的相似性，用导电纸或是电阻网络来模拟含水层构架，而观测各点的电势即可比拟现实中地下水的水头。

这些地下水的物理模型由于各自的局限性较为明显，在 20 世纪六七十年代后逐渐退出了历史舞台，取而代之的是地下水的数值模拟。

计算能力的提高将人类认知能力提高了一个维度。在计算机技术得到普遍应用之前，地下水建模属于数学物理问题，一般涉及求解一定边界条件下的微分方程。拥有较好数学基础的水文地质学家针对多种类型的地下水系统和地下水问题给出了高度精练的微分方程形式并求得解析解，比较突出的有：解决承压含水层抽水问题的 Theis 公式和解决地形起伏的区域地下水流场问题的 Toth 方程。

计算机技术的快速发展和应用深刻改变了地下水流模拟的格局，微分方程是否能够求得解析解不再是地下水流模拟的决定因素，对地下水运动的数学考量不再局限于寥寥几种简单的概念性模型，而地下水模拟也不再是只有少数顶级科学家才有能力从事的工作。在计算机的辅助下，地下水建模重新变为地下水问题，模型创建者可以集中精力分析研究区的地下水赋存条件和补排规律，将模型结构和模型参数定义到离散后的模型节点上，确定模型边界条件和初始条件，而将求解地下水流场的数学工作交由较为成熟的通用代码实现。

人们对地下水模型的需求，归根结底都是为了预测未来，从而为决策提供支持，这是人类文明发展的最高表现。预测未来必须建立在充分了解过去、当前情况以及系统演变机制的基础上。有些决策单纯通过借助以往经验和对

在数值模拟成为主流前，地下水科学家常使用电流来模拟地下水流。图为美国伊利诺伊州水文调查局制作的圣路易斯市地下水电网模型，将一块块的电阻或电容填入网格中即可模拟当地的地下水流动（图片来源：www.isws.illinois.edu）

宏观情况的把握就可以做出，而另外一些情况下仅凭人类的认知能力无法系统地整合已有的信息进行预测，这时就需要借助一些外在工具，而地下水模型是帮助地下水工作者进行预测的最好工具。

在电脑上打开某个应用软件，输入一些参数并运行得到预测结果，这一过程并不能称为地下水模拟工作。地下水模拟工作的核心是深入理解研究区地下水赋存和运移规律，选择适当的数学工具对问题进行表征和求解，创造性地使用可用信息对模型进行校正，此后才可以对现实世界进行一定程度的预测，而且这一预测结果必须经过审慎考察方能使用。

由于地下水循环的不确定性较高，创建地下水模型很少有一次成功的例子，也就是说仅靠初始的模型结构和参数很难准确地再现现实世界，所以建立地下水模型的重要工作之一就是使用现场测得的水位、水量、水质信息对模型进行校准和验证，在合理范围内反复调整模

型结构和参数，只有当模型的可靠性得到充分验证后，方可使用此模型进行更深入的工作。

24. 如何概化地下水系统？

在牛顿使用精练的数学语言总结了世间万物的运动规律之后，科学界在振奋之余开始冒进，认为可以用机械运动解释任何事物，包括人的感情——只要观察得足够精细。这种狂妄情绪很快在 19 世纪自然科学的发展中消退下来，人们毕竟不可能掌握世界运行的所有细节。地下水亦然，如果我们沿用传统的分析思维，纠结于每一块砾石的形状、每一粒水滴的来源，则必然会陷入不可知论的泥潭。认识地下水必须从系统论出发，将现实世界高度精练，定义地下水系统的水力边界，将纷繁复杂的地质体抽象为若干个含、隔水层，抓住地下水运动的主流特征，定义含水层的渗透性能……这一过程就是地下水系统的概化。

地下水系统的概化是一门艺术，不会百分之百正确，也不会亘古不变，是随着资料的收集、调查的深入不断完善的过程。在此过程中需要掌握简单性与精确性的平衡，若一味追求简练，要以牺牲精度为代价，实用性不强；一味追求精度，系统过于复杂和不透明，校正和维护起来也越发困难。1983 年，美国地下水学者 M.P.Anderson 发表了一篇评论文章"皇帝没有新装"，批评当时的地下水界在地下水系统概化时过于简化，数据过少。事隔 15 年，同一位学者又发表了一篇文章"皇帝有太多新装"，指出当时地下水工作者倾向于使用过于复杂的模型，考虑过多的过程。

进行地下水系统概化的最终目的通常是进行数学计算，而这些计算几乎必然由计算机来完成。这时，地下水系统概化的目标就变得更为具体，即将现实世界的参数与性质转换为标准的、面向高速计算工具的数据流，具体包括：

边界概化：边界条件即地下水系统与周边水系统的补排关系。常见的自然边界有地表水体边界、断层边界、抽（注）水井、岩体接触边界、分水岭等。有时所考察的地下水系统并不存在上述明显的自然边界，就需要根据具体情况划定人为边界。在概化后的系统中，这些边界会遵循各种方式向系统提供或从系统移除地下水，从而对地下水系统进行控制。这些边界中控制性最为强烈的是定水头边界，意即不论系统内地下水如何变化，边界上恒定保持某一固定的水头值，并且可以无限量地提供或移除地下水流，大江大河、湖泊海洋经常被定义为定水头边界。控制性最弱的边界是定流量边界，即此边界总是通过给定的速率提供或移除地下水，抽水井、降雨入渗、分水岭等常常被定义为定流量边界。其他类型边界都是这两类边界的组合或变种。

地层概化：一个社会中的阶级划分不是一成不变的。同样，一个含水系统中有多少个含水层，每个含水层的富水和导水性质如何也是需要根据研究目的、现存资料、计算能力等客观条件概化而来的。以一个泥砂互层的潜水含水层为例，在考虑水源供水问题时，可以忽略含水系统中的若干泥质隔水层，而把整个系统概化为一层；但在考虑污染问题时，局部隔水层的存在可以实质性地影响污染物的运移，这时就应把含水系统概化为若干个含水层和隔水层。同一个含水层之内，各处的渗透性和富水性也不尽相同，故也需要使用"均质-非均质"、"各向同性-各向异性"等范畴对含水层参数进行概化。

流场概化：一个实际的含水层中，地下水的流动严格来讲是三维的，但多数场合允许简化成二维流处理。如在多层含水层中，将同一层中的流动当作二维流；在供水条件下，若含水层的平面展布范围很广并且井中的降深相对较小，则地下水流动基本上是水平的，则可视为二维水流；降落漏斗中心附近的三维流一般很明显，但降落漏斗以外，流动基本上还是二维的。多数情况下，为了建模和简化计算而将三维流近似概化为二维流来处理，其计算结果在一定限制条件下可以接受。然而，当存在区域漏斗或较大降深时，这种概化将使计算失真，应当按三维流问题处理。对地下水流动状态的

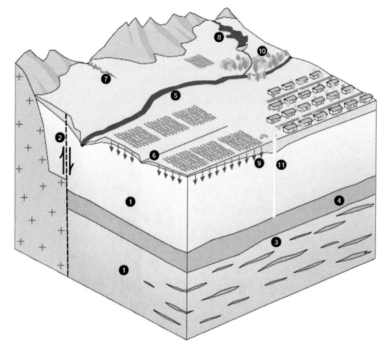

经过概化后，真实世界中的地下水系统被简化成为一系列具有明确边界和属性的对象和过程（图片改编自：ca.water.usgs.gov）

1– 潜水和承压含水层；2– 作为隔水边界的断层；3– 泥沙互层的含水层；4– 隔水层；5– 河流；6– 泉和排水渠；7– 季节性河流；8– 水库；9– 降雨和灌溉入渗；10– 蒸发蒸腾作用；11– 抽水井

概化，还可以使用"稳定流 - 瞬时流"、"层流 - 越流"等范畴，理论性较强，在此不再赘述。

25. 如何建立地下水流数学模型？

对地下水系统进行了自顶向下的概化之后，就已经搭建起了定性认识地下水的骨架，若要雕刻出其丰满的骨肉，还是要用到数学物理方法这把利刃。数学和物理学在学科发展历史上一直密不可分。许多数学理论是在物理问题的基础上发展起来的；很多数学方法和工具通常也只在物理学中找到实际应用。所谓数学物理，就是用数学方法（尤其是微积分方法）来描述和解决物理问题的方法。数学物理方法早在地下水学科发展之前就已成熟，所以一旦达西将地下水的微观流动抽象为线性的达西流之后，使用数学物理方法来模拟地下水的流动

就变得顺理成章了。

达西定律定义了水头差与流量之间的线性关系，可是单凭达西定律并不能真正描述地下水流场，除非我们可以测量空间上每一点的水头，但这正是求解的目标。所以我们必须把地下水头这一物理量有效地限制起来，通常的做法是把地下水的水头通过渗透系数和储水系数与流量的变化联系起来，受达西定律的约束，这样就可以写出地下水流动的控制微分方程。细心的读者可能已经发现，控制方程是放之四海而皆准的客观规律，方程中的水头和流量是循环指定的关系，可能的解有无数组，必须存在额外的条件（定解条件）方能给出针对具体问题的唯一解（水头在空间上的分布情况），这也是微分方程求解的基本特征之一。定解条件包括边界条件和初始条件（对非稳定流的情况）。从某种意义上讲，定解条件中所包含的信息就是所研究的地下水系统的特征信息。

在幸运的情况下，地下水工作者们能够把所研究区域的地下水系统特征概化总结成简单优美的定解条件；在更加幸运的情况下，他们可以使用这组定解条件推导出控制方程的解析解。这样一来，地下水的数学模拟就变成了数学家的专长，每解决一个实际问题都需要理论突破。这固然美好，但效率的确不高，因为绝大多数情况下，解析解并不存在。

数值解的出现和广泛应用把地下水的数学模拟拉下了神坛。所谓数值解，给出的不是地下水水头分布的数学表达式，而是在不同时间，各个位置的离散的水头数值，这在数学上并不算优美，但非常实用。以较为直观的有限差分方法为例，首先把空间剖分成很多小长方体单元，每个单元内的物理量近似认为唯一。这样针对每个单元都可以写出各自的控制方程，这

些控制方程中除去含水层参数外，唯一的未知数即为单元内的水头值，有多少个单元，就有多少个水头未知数，也就有多少个方程。此时，只有科学家才能从事的微分方程的精妙求解过程就变成了计算机可以代劳的大型矩阵求解的工程问题。更妙的是，由于空间已经被剖分成一个个小单元，以往科学家们最为头疼的定解条件（边界条件和初始条件）问题也就迎刃而

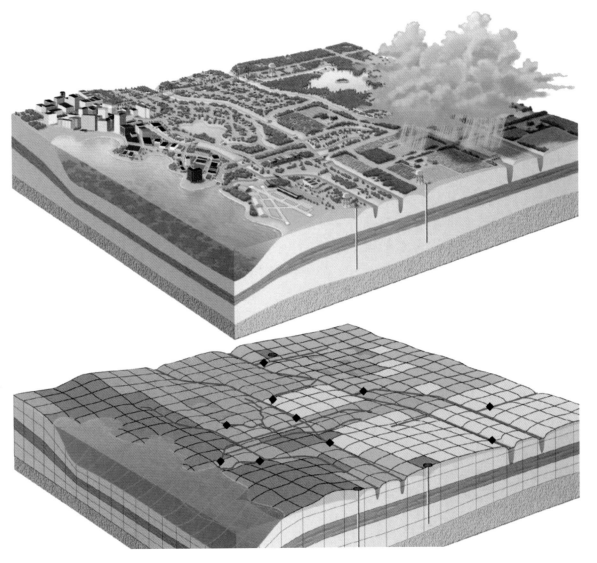

将概念模型（上图）进行空间离散后可以得到数值模型（下图）。此时，地形起伏和含水层的位置可以使用网格的空间属性来描述；地层的透水特性使用分区后的渗透系数来描述；地下水的补给、径流、排泄过程可以用各类边界条件的形式定义到相应的网格。这样，考察系统中地下水流动就变成了求解各网格内水头值的数学过程（图片改编自：pubs.usgs.gov）

解了。工作人员只需要根据地下水系统概化的结果，在模型中适当的网格中定义地下水是如何流入或流出这些单元的，就可以很灵活地把自然界中的水文地质现象转化为数学语言输入到模型中。

在实际模型应用中，无论做多少实际测量，或已如何彻底了解场地条件特征，模型输入参数都不能完全确定，用最初制订的模型结构和输入参数进行模拟极少能满意地再现观测得到的条件。所以建立地下水模型的重要工作之一就是使用现场测得的水位、水量信息对模型进行校准和验证，在合理范围内反复调整模型结构和参数，只有当模型的可靠性得到充分验证后，方可使用此模型进行更深入的工作。即使

经历了充分的现场调查和模型修正，地下水预测模拟仍会存在一定程度的不确定性。如果预报结果对规划和设计有重要意义，则必须对模型的不确定性予以分析，从而评估模型预测结果的可靠性。

虽然数值解是数学模型的近似解，但是只要将单元大小和时段长短划分得当，即对空间步长和时间步长取值合适，计算所得的数值解便可较好地逼近实际情况而满足计算精度的要求。由于数值方法可以较好地反映复杂条件下的地下水流状态，具有较高的仿真度，因此在理论和实际应用方面都得到了较快的发展。以西方发达国家为主的研究人员在地下水流模拟方面进行了大量的理论和实践研究，取得了一系列的成果，开发了功能多样的计算引擎和软件界面，其以模块化、可视化、交互性、求解方法多样化等特点得到广泛的使用。

随着信息科学的飞速发展，计算机数值计算能力的发展已远远超过了人们获取建立概念模型所需野外资料的能力。概念模型的构建需要大量野外试验数据和资料，包括地质结构、含水层参数、各类均衡项随时空变化的数据和资料，而这些资料的获取需要耗费大量人力、物力和财力。在有限的预算和时间内，如何分清主次、抓住重点地指导开展野外调查工作，并在所得资料的基础上，由粗至细、自上而下地发展概念模型已经变成地下水模拟的首要任务。

自 20 世纪 70 年代以来我国在地下水的数值模拟方面发展很快，它的应用已遍及与地下水有关的各个领域和各个产业部门。

26. 如何建立地下水污染模型?

地下水污染模拟一般来说是指求取污染物在地下水中浓度随时空变化的过程。目前应用较为广泛的是水相污染物的数学模拟，油相污染物由于遵循不同的物理过程而由其他专门模拟工具进行模拟。与地下水流模拟类似，对于高度简化的概念型地下水污染问题，可以直接建立浓度随时空变化的控制方程，并在给定边界条件后求取解析解或近似解，用以模拟地下水污染物的时空演化。现实世界中边界条件通常较为复杂，在无法求得微分方程解析解的情况下，可以通过求取数值解来考察地下水污染物的变化，目前已有许多机构开发了地下水污染运移数值计算的代码和界面可供选择。最简单的污染模型依附于水流模型，将污染物视同随水运行的质点，通过追踪质点的轨迹来模拟污染物的运移规律。更为全面的污染模型则要基于已有的离散化流场，考虑污染物在对流、弥散、吸附、反应等物理化学生物过程共同作用下的演化规律。

与地下水流的数值模拟类似，地下水污染的控制方程也是基于微单元内的污染物总量守恒的原理，即污染物流入量在扣除流出量和其他源汇项后应与单元内污染浓度变化线性相关。在给定的微单元内，污染物的对流过程由地下水的达西流（已知）控制，弥散过程由综合弥散系数（D）控制，吸附过程由分配系数（K_d）控制，其他的反应项和源汇项也分别由相对应的参数控制。这样，在沿用水流模型的有限差方法对空间和时间进行剖分后，有多少个计算单元，就可以写出多少个方程，而这些方程中的未知数就是各计算单元中的污染物浓度值。根据之前已经完成的污染概念模型，可以对特定的空间单元定义污染物流入或流出的边界条件。这时，地下水的污染模拟问题就又变成了大型矩阵的求解问题，可以由计算机代劳了。

对于几何形态简单、参数分布均匀的体系，研究其中诱发溶质迁移的单独作用过程已十分繁杂。而野外实际问题中这些过程的相互作用往往比单独作用更为重要。野外问题的模型通常是三维的，边界条件非常复杂；其中的关键参数往往会随空间变化，在一些情况下甚至会随时间变化。又由于污染物在地下水中的实际运移常常由优先通道控制，违反了达西流的均匀流假设，所以污染模型的校准与水流模型相比需要更为详细的现场调查数据支持。这些情况造成了污染模型的预测结果相比水流模型通常面临更多的不确定性。在实

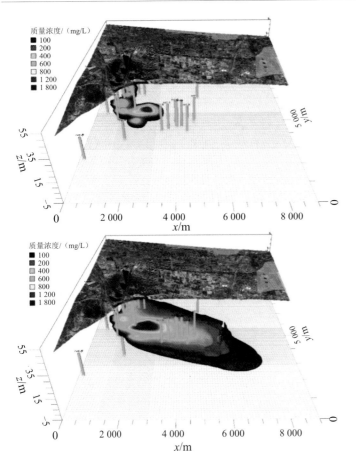

北京某垃圾填埋场的渗滤液在长期运行过程中对地下水环境造成了影响。在对填埋场周边地下水流和水质进行了长期勘察后建立了地下水污染模型。图为污染发生1年后（上图）和25年后（下图）氯离子在地下水中的分布模拟结果。其中绿色圆柱为监测井位置，污染物烟羽中红色代表较高质量浓度，蓝色代表较低质量浓度

际模拟工作中常遇到模型通过调查与实测值拟合较好，但应用模型来预测未来年份时又出现较大误差，说明模型对实际物理过程的描述还不够准确。

与水流模型类似，校准也是地下水污染模型应用的必要步骤。这时需要不断调整模型输入参数，直到模型输出变量与野外观测值达到适当匹配程度的过程。模型输出变量可以是水头、流量、浓度、污染物运移时间或污染物去除率，具体由模拟目标决定。大量经验说明：模型校准是一个非唯一性的过程。许多参数组合可能显著不同，但能够提供与观测值同等合理匹配的模拟结果。非唯一性问题是模型校准及预测的根本难题，解决办法只有获取更多的实地数据和更准确的参数范围。

第四篇　守护地下水

27. 地下水也会受到污染吗?

真正意义上的污染,是工业化时代的产物,尤其是第二次世界大战以后,西方强国相继进入"后工业社会",伴随社会经济的繁荣,现代生产生活方式带来了污染这个大问题。甚至有人断言,环境问题才是人类发展的终极问题。改革开放以来,中国日益变为世界工厂,几乎成为世界加工制造业的代名词,污染问题空前严重起来。

水是绝好的溶剂,可以溶解很多种类的化合物,因此天然地下水会在与地下介质的接触中溶解很多种类的无机化合物,还有很少量的天然有机物,这些化合物的浓度数量级一般在毫克/升到微克/升之间。当地下水的天然化学组成被人类活动所改变时(无论是事故泄漏导致的地下水直接污染,还是因改变了地下水运行途中的地下介质而导致的间接污染),地下水污染就发生了。

在很长一段时间里,人们认为含水层之上的土壤和沉积物可以作为自然的"过滤器"来阻止污染物随水流迁移至地下水。但到20世纪70年代,人们逐渐达成共识,认识到这些过滤层往往不能有效阻止污染物向地下含水层的迁移。尽管如此,当时已经有相当大数量的污染物进入土壤和地下水中。在对这些污染场地研究的过程中,科学家们开始意识到一旦地下含水层受到污染,其危害可能会持续几十年甚至更长时间,而且很难找到经济有效的处理办法。

人类活动造成的地下水污染主要分两类:点源污染和非点源污染。点源污染指化学品储运设施、污染处置场地、工业场地、事故排放、垃圾填埋场等点状污染源造成的地下水污染。非点源污染包括农业生产中使用的化肥、农药等污染物质进入地下水后形成的大面积地下水质量恶化现象。

当雨水浸润地表并且接触到填埋的废物或者其他形式的污染物时,这些污染物会进入水相,并且随雨水进入地下水,这是地下水的典型污染通道。有时洒落或者渗漏的污染物本身的数量就很大,这些化学物质可以无须雨水入渗的帮助,自身即可以靠重力作用到达含水层。地下水的流动一般来说非常缓慢,而且很少受到湍流、稀释、混溶等作用的影响,所以污染物到达地下水后不容易扩散,常常形成相对稳定的污染"烟羽",随地下水流缓慢运动。虽然污染烟羽在地下水中的运动速度不快,但因为地下水污染常常数年甚至数十年不为人所知,所以地下水污染烟羽有可能产生大范围影响,有时其长度可以达到几千米。

2013年年初,发生在河北沧县小朱庄的地下水污染事件受到了中国社会的普遍关注,地下水污染问题首次进入了公众视野。某化工厂在当地的长期经营过程中造成了较为严重的地下水污染问题,污染成分较为复杂,其中的苯胺类物质见光会显红色,具有较强的视觉冲击和公众影响力(图片来自中央电视台《新闻直播间》栏目)

美国纽约州在 1978 年发生的拉夫运河事件可能是全世界最具影响力的地下水污染事件之一。事情的起因是当地居民注意到了异常高的成人癌症发病率和婴儿出生缺陷率，在对此追查的过程中当地居民发现致病原因是自己的地下水饮用水水源受到了来自附近的工业废物填埋场渗滤液的污染。这一事件在当时掀起了轩然大波，铺天盖地的媒体报道、富有戏剧性的法律大战、耸人听闻的索赔金额再加上掌握话语权的精英阶层对自身饮水安全的高度关注，将原本默默无闻的地下水污染议题提到了前所未有的高度，也催生了美国庞大的地下水污染调查与修复产业。这一市场机会通常在地权交易时产生，在进行地产交割时，买卖双方除了要就此地块的经济价值展开谈判，同时也要彻查此地块当前的土壤和地下水污染状况和治理责任，一同作为交割的前置条件，因为法律规定地块的购买人将连带承担此地块污染所造成的法律后果。

另一个引起世界关注的地下水污染案例来自印度北部和孟加拉国，这里的含水层中含有大量原生的砷元素，一般被地层中的铁氧化物所固定，当这些铁氧化物由于化学条件改变而被溶解时，有毒的砷元素也相应地进入地下水中从而影响当地居民健康。这一案例之所以受到极大关注是因为此类由地质介质引起的原生地下水污染分布范围较广，影响人口较多。然而在大多数地下水污染案例中，污染源还是来自人为的排放，污染范围也一般在几千米之内，有的只有几十米。

美国早在 1948 年就制订了《水污染控制法案》，但直到 1972 年修订时，地下水污染的提法才第一次出现。中国也一样，虽然《水污染防治法》在 1984 年颁布时提到了地下水污染问题，但由于种种原因地下水污染问题仅仅是做了一些前期监测，还远未实现有效的监管。

中国地质调查部门 1999 年开始在工业发达地区进行地下水污染普查，获取了一些有用的信息。但拉网布点进行的普查，只能对地下水污染进行区域筛查，并不能摸清每个污染场地的污染范围、污染程度、污染发生机制和污

染运行趋势。这些信息只能以污染场地为单位，通过长期的地下水位和水质监测方能获取。我国刚刚启动地下水污染防治规划，对典型污染场地的调查还处在试点阶段，同时也尚未形成污染场地的筛查、监测、评估和修复机制，地下水污染防治工作任重道远。

28. 常见的地下水污染有哪些?

我们关注地下水污染，很大程度上是因为这些污染物能在地下介质中扩散，所以常见的地下水污染物都是液体或者可溶性的固体。另外，人类已知的液态或可溶性固态物质成千上万，也只有那些生产生活中经常用到的物质才更有可能在生产、储运和消费过程中出现问题，变成地下水污染物。下表列出了一些常见的地下水污染物。

常见地下水污染物质

酸	药品
防冻剂	油
碱	漆
清洁剂	杀虫剂
冷却水	洗涤用水
除油剂	盐
除尘设备用水	生活污水
肥料	生活 / 工业污泥
汽油	溶剂
杀菌剂	工业废水
除草剂	含重金属液体
尾矿	

地下水污染的来源有点源和非点源（也叫面源）两类。大多数所谓的点源都与废物的处理或处置过程相关，它们的面积可以很大，但之所以称为点源是因为它们有明确的空间边界和较高的污染物浓度。非点源污染则恰恰相反，

第四篇　守护地下水

具有浓度低、面积大的特点，比如大范围施用的农药和化肥就有可能造成非点源农业污染。下面分类谈一谈地下水污染的常见来源。

农业：正像城市青年离不开智能手机，现代农民已经无法想象没有化肥和农药的年代。这些化学物质被大范围播撒，导致其中的相当大一部分随雨水和灌溉进入地下水。动物饲养也会产生大量的废物，有时这些废物也会被当作肥料施用到土地中，产生地下水的致病菌污染。农业活动造成的范围最大、影响最深的地下水污染是氮元素的污染；农药在某些地区也会造成严重污染，但其广泛性远不如前者。根据中国地质调查局对中国东部平原区地下水污染普查的结果，我国主要农业区"三氮"（硝酸盐、亚硝酸盐、氨氮）污染已相当普遍，呈现出面状污染特征。

固体废物处置：当雨水淋滤到堆放或填埋的固体废物时，废物中的有害物质就有可能被溶解而随水进入地下水。淋滤液的化学成分反映了固体废物的组成，同时也可以指示处置场的年龄。老式的垃圾填埋场是常见的地下水污染点源，因为当时的社会环境对废物的种类和淋滤液的产生并没有过多地关注或监管。

采矿：几乎所有的采矿活动都会影响地下水，一种是物理挖掘引起的地下水流动状态变化，另一种是岩石暴露引起的地下水水质恶化，

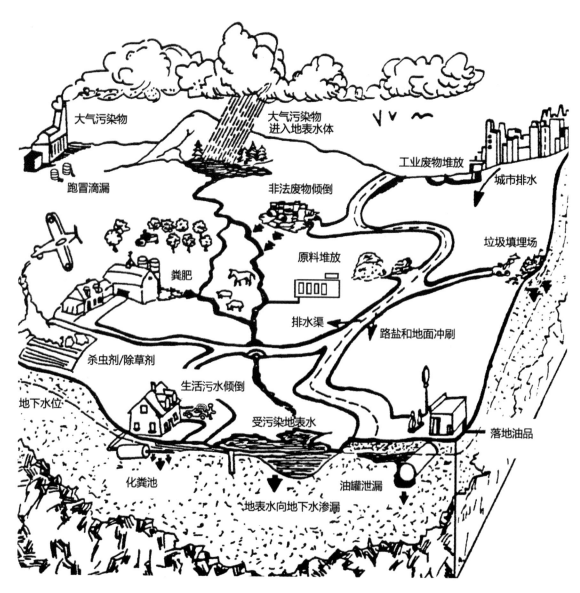

大气污染物　大气污染物进入地表水体　工业废物堆放　城市排水　跑冒滴漏　非法废物倾倒　原料堆放　垃圾填埋场　粪肥　排水渠　路盐和地面冲刷　杀虫剂/除草剂　生活污水倾倒　地下水位　受污染地表水　落地油品　化粪池　油罐泄漏　地表水向地下水渗漏

地下水污染的来源多种多样（图片改编自：www.michigan.gov）

或者二者兼有。酸矿水是其中较为严重的地下水污染问题，原本封存在地层中的硫元素在采矿活动引入的空气和水的作用下被氧化，生成腐蚀性较强的硫酸，这些酸性废水本身就是污染物，同时也会溶解出一些原本较为稳定的重金属污染物，在排水时常常会引起较为严重的生态环境污染问题。另外，在采矿过程中，品质较差的矿石被分选出来，一般堆放在矿山附近的尾矿库中，也会造成严重的地下水污染问题。

生产消费过程：化学物品的储运和使用是常见的地下水污染来源。无论是类似汽油的消费品、工业用消耗品、工艺中间产物，还是工业废物，在存储和转运过程中都存在倾泻和滴漏的风险。更有甚者，有些无良企业还会通过渗坑、渗井、落水洞等设施，直接将废水排入地下。如果说出现事故排放和跑冒滴漏在所难免，那么出现此类恶意犯罪行为时，就应该引起环境监管工作者深思了。一些化学品的储运设施被埋在地下，一旦出现破损可以默默污染多年而不被发现。较为典型的是加油站储油罐泄漏造成的地下水污染，这类污染由于出现较为频繁，科学界已经做了深入研究，条件成熟的国家已经实现了有效的监管。

在 20 世纪 70 年代之前，人们对地下水污染知之甚少，今天我们耳熟能详的地下水污染物，例如非水相液体（NAPL）、MTBE、四氯乙烯等，在当时的社会都闻所未闻。与之相对应的是，我国地下水水质标准中仅仅定义了几十种物质的浓度标准，绝大多数的其他污染物质并没有国家标准，事实上也不可能为每一种污染物质定义一套国家标准。针对这一问题，国际上通行的做法是基于场地特点和污染物特点为特定场地中的地下水污染物建立浓度标准，这个标准在很大程度上是基于健康风险的，然后以此对污染物在地下水中的存在进行监管。

29. 地下水污染有什么危害？

如何衡量污染的危害是环境领域的经典问题。对污染不加监管就说明社会机制认为其没有危害，这是 20 世纪 70 年代之前的状态，之后发达工业国家才纷纷建立了环境管理机构。80 年代对西方来说是群众性广泛的绿色抗议运动阶段，这一潮流的本质是反冷战、反体制、反主流的社会运动，矛头直指工业社会的既成秩序和资本主义官僚体制。这一时期环境运动的主导思想是"深绿色"的，批判资本主义工业化对自然界的掠夺，进而反对人类中心主义，其极端的形式即主张所谓"动物权利"、"生物权利"。在这些理论框架下，污染的危害就被定义得很宽泛：除人之外，对其他生物甚至非生物的"福利"受到的损害，也都把账通通算在污染上面。经过上述"矫枉过正"的阶段之后，到了 90 年代，各大政治团体的"绿化"已经成为不争的事实，同时较为极端的"深绿"思潮，也在"以人为本"的口号下重返人类中心主义。既拒绝狂妄的、以技术中心主义为特征的早期粗糙的人类中心主义，也远离极端的生物中心主义、生态中心主义，这标志着环境意识形态的"浅绿化"。与之对应的是，人们对污染危害的认识范畴也逐渐缩小；对于已然受到污染的环境要素，为其设置的修复标准也更加灵活。当前的中国似乎正在经历姗姗来迟的绿色思潮，但具体路径是重复发达国家的矫枉过正，还是一步跨入浅绿，我们拭目以待。

煤层气开发是近一二十年在国际上崛起的替代能源开采方案，甚至有人认为煤层气的开发可以改变世界能源产业的格局。但煤层气开发过程中对地下水环境的影响使人们产生了众多顾虑。图为 2012 年 9 月，澳大利亚某东部城市的抗议活动，起因是某煤层气公司隐瞒了煤层气开采对地下水环境的影响（图片来源：www.couriermail.com.au）

泉水和井水自古以来就是人们的重要水源，地下水污染最直接的危害也自然是对人类健康造成的危害。人体的一切生理活动，如营养输送、温度调节、废物排泄等都要靠水来完成，如果饮用被污染的地下水或吃了污水污染的食物，就会危害健康。

地下水的污染进程较慢，其中的污染很少能达到引起急性中毒症状的程度，更何况人体感官通常也足以分辨受过严重污染的饮用水。地下水污染物含量通常较低，普通群众无法鉴别。而长期饮用这类地下水会对肌体产生小剂量、高频次的重复刺激，从而诱发慢性疾病，危害人体健康。常见的这类疾病有：细胞增殖机制失常（癌症），解毒器官（肝、肾等）的慢性损伤，神经系统紊乱，免疫功能失常，胎儿畸形等。这类慢性病潜伏期长、病程复杂、取证困难，常常为污染责任的判定造成障碍。以美国著名的"拉夫运河"事件为例，此运河的废物倾倒从 20 世纪 30 年代一直延续到 1953 年，随后此地被填平开发为住宅区，直到 1976 年美国环保局对地下水样进行监测后才东窗事发，而直到 1995 年法律诉讼结束方尘埃落定，整个历程长达 60 余年，复杂性可见一斑。

地下水污染还有可能造成环境生态破坏，例如当受污染的地下水最终排入河流时，可能会造成鱼类死亡、生态退化和动物绝迹。

长期摄入含砷的地下水会使人们皮肤发生癌变。在印度西孟加拉邦，地下水中砷污染严重，对当地居民的健康、生产生活造成巨大的危害，当地政府在井口采用简易的除砷装置来保护人民生命安全，图中绿色过滤柱即为含铁的处理设施（图片来源：www.downtoearth.org.in）

地下水资源一旦受到污染，就会丧失其水源属性，从而造成经济损失。然而，一方面，由于多数政府都会对水价实行补贴，水资源的市场价格往往低于其真实价值；另一方面，经验表明"修复"地下水污染的费用又是出奇得高，费时也出奇得长，因此单算经济账往往很难论证地下水修复工作的必要性，这也是地下水污染防治工作面临的深层次矛盾之一。

30. 污染物在地下水中如何运动？

大多数的地下水污染起源于地表污染源，比如废物填埋场的渗滤液、事故倾洒的化学药品、大面积播撒的化肥农药……在此类情况下，污染物需要先经历从地表通过非饱和带向地下水饱和带渗滤的过程。这时，污染物在非饱和带的运动特征就决定了有多大比例的污染物可以最终到达饱和含水层。

溶解态的污染物在非饱和带中的运移一般受四类条件的影响：污染物浓度、含水率、水势和温度；通过观测这些条件可以计算出土壤水通量，乃至污染通量。由于非饱和带中的溶解相污染物运移机理比较复杂，观测工作也不易开展，这一领域的工作仍处于研究阶段，尚无法完全支持实际应用。还有一些污染物在土壤中以油相存在，这样就形成了土壤中水、气、油三相的复杂运动系统，研究程度更低，仅有一些经验性成果可以借鉴。

污染物进入饱和带之后，会随地下水运动，由此造成的污染扩散问题更受人们关注，研究程度也相应较高。当溶解态的污染物被引入饱和含水层时，相应污染物的浓度增加会形成污染"烟羽"。这一烟羽会在地下水缓慢流动的带动下向下游运动，而这一运动一般受三种过程控制：对流、弥散和阻滞作用。对流是污染物随水流的运动，与地下水的运动同宗同源，一般也使用相同的线性机制（达西定律）来描述；弥散主要由地下水在微观尺度上九曲回转的运动特点造成，在理论上也包括污染物在地下水中的分子扩散过程，其直接后果是污染烟羽在各个方向上不断扩散变大；阻滞作用也是一类统称，主要描述污染烟羽运移速度受到各种因素（吸附、沉降、反应等）影响而减缓的过程，其直接后果是污染烟羽的运移速度低于地下水的实际运移速度。

相对于废物处置设施长期稳定的污染泄漏，事故排放造成的地下水污染是一次性的污染源。以这种较为简单的污染情形为例，在理想状态下，污染烟羽会在地下水运行的方向上被拉长而形成椭球体，这个椭球体的质心会随对流作用向下游运动，速度与地下水流速度一致（如果没有阻滞作用）；同时这个椭球体的体积也会由于弥散作用而不断增大，浓度也会相应降低。

得益于数值模拟技术的发展，上述的污染迁移过程已经可以使用计算机模型较为准确地再现。在这些模型中，各种机制都可以被数学

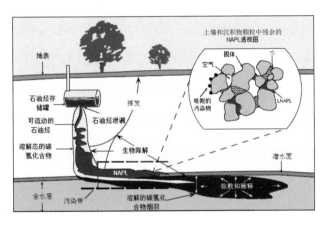
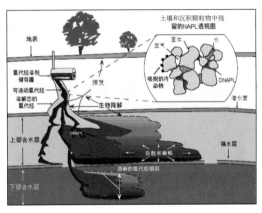

油相的污染物（NAPL）本身具有流动性，在地下的迁移过程更为复杂。比水轻的油相污染物简称为 LNAPL，比如常见的石油烃类污染物（左图），到达地下水饱和带后会"漂浮"在潜水面之上形成长期影响地下水质的二次污染源，地下水会不断溶出油中的有机物并向下游挟带，尽管浓度一般较小，但足以长期产生令人不快的气味。比水重的油相污染物简称为 DNAPL，例如氯代烃类污染物（右图），会在含水层底板附近聚集，长期缓慢向地下水中释放污染物，由于这类污染物毒性高而环境标准值低，会造成地下水长期超标，成为监管难题（图片改编自：Huling & Weaver, 1991）

语言描述而形成控制方程和定解条件，对这些方程求解可以得到相关污染物浓度场随时间的变化。实践证明，地下水污染物迁移模型对于污染现状的诊断、污染过程的预测以及修复系统的设计都有重要的作用。

31. 如何防止地下水受到污染？

由于地下水系统对外界刺激响应相对缓慢，业已存在的地下水污染极难处理，且时间跨度较长，所以地下水环境管理应以污染预防为主，污染治理为辅。这是发达国家用数十年的时间，数以百亿计的资金和一代人的健康甚至生命得出的经验。中国工业化起步较晚，且相对而言更为集中。截至目前，我国尚未摸清地下水污染的"家底"，地下水污染的监控和防治体系有待建立。

正确的事情终究没能发生，这足以让有识之士感到困惑。孔子发出了"知其不可为而为之"的感叹；黑格尔也说过：人类唯一能从历史中汲取的教训，就是人类从来都不会从历史中汲取教训。自嘲之余，我们也有必要探寻地下水污染预防迷局的深层次原因。作为生存的必需品，水从来都是国家政治命脉，大禹借治水害集权，嬴政靠都江堰立威。发动大规模社会资源保障国民用水安全一向是任何政权的基本诉求和存续依据。激进地宣传地下水污染问题及其造成的环境和生态问题，从来不是地方政府的兴趣所在。对于各地出现的地下水污染事件，地方政府采取"打落牙齿和血吞"的态度也不足为怪，这种倾向积重难返，扭转绝非一日之工。另外，随着我国生产力的飞速提高，经济生活对地下水环境的破坏能力

也呈指数级增长，地下水污染问题已经迅速成为关乎中国社会核心利益的中心议题，但老百姓仍抱有"拧开水龙头还是有水"的侥幸心理，地下水污染距离成为人们普遍关注的社会热点问题仍有较大距离。

现阶段，中国经济正处在降速转型的关口，地下水污染已债台高筑，地下水污染预防工作已成为历史发展的必然。其核心是把地下水污染风险内化为经济发展的成本，不污染就不能盈利的企业坚决不办，治理后仍能发展的企业坚决要求治理。在我国现行体制下，要达到这一目标，法制必须先行。我们欣喜地看到，在环保的社会呼声日益高涨的背景下，2013 年 6 月我国最高人民法院、最高人民检察院公布了《关于办理环境污染刑事案件适用法律若干问题的解释》，为中国大大降低了污染环境罪的量刑门槛。同样值得关注的是，以环境议题限制经济活动，是与我国长期以来环境为经济让路的模式相悖的，实施过程中必将触发既得利益的调整，这对环境保护工作者的胆略和智慧都是考验，但面对浩浩汤汤的历史洪流我们事实上并没有选择。闯过去，前面就是一片天！

具体到微观层面，有很多措施可以对地下水污染起到预防作用。废物减容是最直接的预防地下水污染的手段，包括降低毒性和减少容量两层含义。实现废物减容最根本的措施是制订科学的物料管理系统。经验表明，这些措施最终为企业带来的是利益，而非损失。

井是污染物通向地下水的捷径，在成井过程中应用水泥灌浆密封到地面以下至少 5 米，以防止地表污染物通过钻孔和套管之间的缝隙直接灌入地下。

废物处置场所是地下水污染的高发区，全球各地都有许多无良或无知的企业，纯粹出于便利的目的，把填埋场设在砂石坑中，把尾矿库建在区域断裂上，把废水排入岩溶落水洞中，如此等等不一而足。这些地下水环境的重大隐患其实通过合理的选址程序完全可以避免。在选址工作由于政治经济文化等因素影响无法保证科学性的情况下，还可以通过建设合理的监测网络和有效的滤液收集系统进行补救。

出现跑冒滴漏或事故倾泻时，应在第一时间限制污染范围并清除污染源，若清理过程中使用了吸附剂应将其视同污染源同期处理。

据统计，近三分之一的事故倾泻都发生在货物装卸区域，做好此区域的污染防控工作可达到事半功倍的效果。

工业废水若能在处理后排入市政管网则为最佳，如需企业自身运行处理系统，则应保证处理系统的正常运行并达到国家相应标准。

有毒原料不应露天存放，而应放置在有遮盖有衬砌的储存场所；如果生产工艺要求长期大量进行药剂混合，则应引入自动混合系统。

类似的经验还包括制定事故预案，指定责任人等。事实上，最了解企业运行、最关注企业发展、最有能力调动企业资源预防地下水污染发生的还是企业自身，只要关于地下水污染的企业外部规则坚定而统一，企业一定能够找到最适合本企业的地下水污染预防对策。

32. 受到污染的地下水如何治理？

地下水的污染问题隐蔽性较强，公众一般没有能力认定污染行为和污染后果，所以社会对于地下水污染的认知程度较低，地下水作为环境要素所受到的关注程度远不及大气、地表水等其他要素。正因为如此，对地下水环境的监管和地下水污染的防治往往滞后于其他环境要素，在发达国家如此，在我国也不例外。

以美国为代表的欧美发达国家最早的关于水污染控制的法案颁布于 20 世纪 70 年代。在三四十年的地下水污染防治工作中，相关的理论研究和工程技术得到了长足的发展，研究人员开发出了许多试用或商用的技术，有效地治理或缓解了一大批场地的地下水污染问题。常见的地下水污染治理手段分类如下：

隔离：将污染物隔离，防止其继续从污染源向外迁移。在物理层面，可以使用类似黏土、混凝土、铁板之类的人为工程措施阻止有害物质的迁移；在水力学层面，可以在合适点位打井抽水从而改变地下水流场，使得污染物无法流向敏感目标；在化学层面，可以使用活性物质对污染物进行固化或无害化。

移除：将污染物从含水层中移除。最常见的移除方式是使用抽水井捕获受污染的地下水，进行处理后将其重新注入地下水，或者排入附近的河流。这种方法被称为Pump-and-treat（地下水抽取处理），虽然这种治理方法需要较长时间，但对多种污染物（重金属、挥发性有机污染物、杀虫剂等）都非常有效，在很多污染场地已经取得了较好的效果，移除了含水层中大部分污染物。在抽取受污染地下水时可以配合使用表面活性剂、热水、蒸汽或其他手段来加速污染物向水相迁移，从而提高污染物移除效率。另一种移除地下水中挥发性有机物的方法是曝气法，即使用小口径的处理井将空气压入含水层，当空气在含水层中向上运行时会携带地下水中的挥发性有机物，这些污染物随后可以被气提井收集并处理。

修复：将含水层中的污染物固定或无害化。生物修复是使用自然界的微生物将地下水污染物转变为弱毒性或无毒的物质。通过向含水层添加营养物或氧气可以人为加速这一进程。因为这种技术利用自然中广泛存在的生物进程，并不需要大规模的工程措施而且相对便宜，所以正在发展成为广受欢迎的修复技术。

技术人员已经开发了多种修复手段应对种类繁多的地下水污染问题

1– 污染土壤减容设施，用于分选易于吸附重金属物质的细粒土壤；2– 地下水抽取处理设施；3– 渗透性反应墙的建设过程，可以在地下水穿过反应墙过程中减轻污染；4– 污水处理设施；5– 土壤热脱附设施；6– 土壤蒸汽浸提设施，适合于被挥发性有机物污染的土壤的修复；7– 化学淋洗设施，常用的淋洗剂包括螯合剂、酸、表面活性剂；8– 污染土壤异地填埋；9– 地下水原位修复井的控制设备，用于调整每口修复井中注入的修复剂量

另外一些新技术在经过多年的实验室研究后，目前已经在市场上广泛使用，比如使用氧化剂来对地下水污染物进行无害化处理。

处理：在使用前对受污染的地下水进行水质处理。含水层的地质和水文地质条件千差万别，某些地下水污染问题无法通过工程技术手段得到解决。在这种情况下，要想继续使用地下水，唯一的选择就是在使用前对地下水进行处理。对于供水单位来说，这可能意味着投入大量资金建设相应的过滤、气提或其他处理设施；对于小型单位和个人，可以选用小型的活性炭过滤装置或者反渗透装置，价格也比较昂贵。

替代：停止使用受污染含水层中的地下水，寻找替代水源。

虽然地下水污染治理方法繁多，但实际上应用最为广泛的方法仍为 pump-and-treat（地下水抽取处理）辅以其他原位辅助设施。

33. 我国如何监管地下水？

我国在近代史中百年积弱，经济基础极其薄弱，所以从新中国成立初期到 20 世纪 80 年代我国地下水工作主要集中于水源开发工程。在这一时期探明和开发了我国众多地下水水源地，初步解决了大中城市的供水问题；同时，地质调查部门在全国范围内开展了以 1 ： 20 万国际标准精度为主的水文地质普查工作。1999—2010 年进行的新一轮国土资源大调查工作之前，除少数高山荒漠等人烟罕至地区普查精度为 1 ： 50 万之外，全国大部分国土面积已完成了 1 ： 20 万精度的地下水普查。

改革开放以后，市场经济在我国释放出规模空前的生产力，极大地推动了我国整体实力的提升。但由于地下水资源是天然的公有资源，无法私有化，更难以从中牟利，这一特征与追求短期高额回报的资本诉求形成了天然矛盾，所以资本市场并未介入中国地下水行业的发展，形成了地下水工作目前单一依靠政府拨款的局面。另外，地下水隐蔽性极强，资源破坏引发的水位下降、地质灾害、水质恶化等问题迟迟无法进入公众视野，从而难以吸引政府投资。所以改革开放后虽然国家主导了一批公益性、战略性、基础性的地下水项目，但地下水行业的发展相比国民经济的其他行业而言明显慢了半拍。

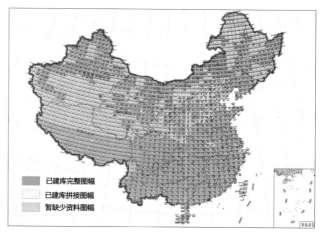

国土资源大调查以前我国的地下水普查工作情况。图中红色区域为实填 1 ： 20 万精度图幅范围；黄色区域为拼接 1 ： 20 万精度图幅范围；灰色区域为 1 ： 50 万精度图幅范围（图片来源：中国地质环境监测院）

值得一提的是，我国目前地下水投资项目的设置和高层管理强调项目的公益性质，但具体实施中常常依赖属地方管理的具有商业色彩的基层地质调查队伍，这常常造成项目费用被严重截流，实际工作费用缩水的现象，也导致了基础数据共享不畅，重复投入多，以及工作水平普遍偏低的状况。

20 世纪 90 年代后，中国发展的主要诉求逐步从摆脱贫困转变为可持续发展，地下水工作也相应变得更为多元化。其中大规模的国家行为包括：国土资源部门长期对地下水的监测以及 1999 年以来对京津地区、长三角、珠三角、淮河流域进行的地下水污染调查评价工作；水利部门对地下水的长期监测及其与国土部门联合推动的国家地下水监测工程项目；环保部门主导的全国地下水污染防治规划等。

我国在历史上存在"多龙治水"的管理体制，当前地下水资源开发由水利部门主导；地下水污染防治由环保部门主导；而地质环境的监测预警由国土资源部门主导。虽然目前的分工较为清晰，但由于历史原因，融资渠道、技术储备、数据资料、人力资源仍散布在不同机构中，较难形成合力。要做好地下水保护工作，除了需要建立有效机制整合各相关政府部门的资源外，还应积极培育和利用富有活力的市场力量。

1984 年颁布的《水污染防治法》、1988 年颁布的《水法》以及 2002 年颁布的《环境影响评价法》在地下水法制进程中都具有里程碑意义。但在相当长一段时间里，我国奉行以经济建设为中心的基本政策方向，这在立法领域造成了地下水资源和环境成本未能被有效整合至现行法律法规体系的现状。对地下水资源的保护主要体现在以水资源评价制度和环境影响评价制度为代表的项目前期审批程序上。一方面，这种重审批、轻监管甚至无监管的理念容易造成书面信息和实际情况脱轨，措施不易落实；另一方面，我国目前的项目审批权力仍主要集中在少数部门和个人手中，有时连前期审批过程都流于形式，变成了走过场。发达国家的实践证明：以高额治理费用推动的"以治带防"的地下水保护理念可以对超采和排污企业产生巨大的威慑力量，我国应合理借鉴此管理思路，在目前已有的前期项目审批制度基础上，建立地下水资源保护和污染治理的融资和问责制度，以期做到首尾兼顾、防治结合。

更有现实意义的是，在我国不断完善的决策体系中，各级政府的负责人仍然在协调经济、社会、环境等要素过程中发挥重要作用。更严格的地下水法规体系需要得到各相关部门领导的重视方能有效执行。除了技术部门在公众观念引导、科普教育、人才培养方面发挥更大作用之外，还应更有力地将环境要素纳入官员考核体系中来。

34. 如何借鉴发达国家保护地下水环境的经验？

工业革命以之前人类社会从未有过的规模和形式将生活在地球上的人们连接在一起，并把人类的存在提高到全新的层次。物资通过铁路、公路、飞机和轮船源源不断地运往世界各地；信息通过电线、电磁波、光缆无障碍地在人们之间传递；资源和能源以空前的速度被开采和加工用于创造更丰富的生活；技术工程已如此发达，人们甚至已经开始筹划开发火星！人类似乎已进化成无所不能的超级生物，但我们仍必须面对一个终极问题：这里只有一个地球，我们必须了解她，爱护她。

经济基础决定上层建筑，人民生活水平的高低直接决定了环境议题的提出时机和发展轨迹。我国近 30 年来经济增幅虽大但底子薄弱，增速虽高但后劲缺乏，在这样的大背景下环境议题的发展历程常常落入"群众关注—迅速放大—仓促应对—不满升级—出台政策—治理不力—问题反复—信任削弱"的怪圈。西方发达国家普遍建立了较为完善的法制制度，并因此取得了丰硕的经济发展成果。但资本具有自我组织和自我发展的特性，在利用其优势的同时必须进行限制，否则会出现无序发展的情况并最终损害人们的利益。这一特征在处理环境问题时尤为重要，因为环境污染普遍具有外部性，必须将其内化为资本发展的成本方能防止环境资源的过度开发。西方发达国家在第二次世界大战后在地下水污染防治方面做了许多有益的探索，积累了丰富的经验。

发达国家的商业运作体系比较成熟，在金融资本的帮助下，多数行业已形成一些巨头控制本行业大部分业务的态势。这些庞大的商业机构在运行的同时，不可避免地会造成地下水污染。利益受到损害的公众群体常常会毫不迟疑地提起诉讼。作为一种制衡金融资本的机制，发达国家的司法体系在处理弱势群体和强势群体矛盾时常常倾向于保护前者，所以起诉大型公司不但可以维护自身利益，而且有可能得到可观的经济补偿。在这些法制较为完善的国家，不但公民习惯于用诉讼来保护自己的权益，而且律师行业也已经形成一股强大的势力来鼓励、支持，甚至诱导潜在的受害者发起诉讼。此外，发达国家的地下水商业咨询行业已经较为发达，可以对操作诉讼的律师团队提供有效的技术支撑。这种由民众主导的、自下而上的污染防治机制在发达国家的地下水污染防治工作中起到了决定性的作用。

以地下水污染防治工作开展较早的美国为例，美国现存多部联邦法律都对地下水污染防治体系做了定义，这些法律的执行体系一般在州内，由州政府和市县政府协作执法。在很多情况下，联邦法律中的条款被原封不动地照搬到州法律体系中。这些法律中最重要的是两部联邦法律：《资源保护和恢复法案》(RCRA) 和《综合环境应对、赔偿和责任法案》(CERCLA)，后者常被称为"超级基金法"。RCRA 对固体废物和危险废物的储藏、运输、治理和处置进行监管，其重点是通过制定管理标准来预防污染物的排放。CERCLA 对废弃或运行中的污染场地的土壤和地下水治理过程进行监管。

CERCLA 规定了地下水修复资金（超级基金）的融资体系，为美国地下水污染防治工作提供了有力的支持，其方法体系也已经被多个国家借鉴和采用。超级基金的经费主要有三个来源：一是国内生产石油和进口石油产品税；二是化学品原料税；三是环境税。这些税收全部进入超级基金托管基金，然后按照每年的实际需要进行拨款。在污染责任不清的情况下，超级基金可以垫付场地治理费用，再由美国环境保护局（USEPA）向责任者追讨，这种污染治理优先的体系大大提高了系统运行效率。同时，CERCLA 赋予 USEPA 无限期的追溯权力，并且 USEPA 无须花费精力认定污染责任，就可以向多个污染责任方的任何一方提起全额赔偿要求，然后由此责任方自行通过法律程序向其他潜在责任方追讨治理费用。这一"尚方宝剑"式的强大授权给予地下水环境监管部门极高的自主权，将执法过程中的责任推诿现象从污染治理过程中摘除，极大地推动了地下水污染防治工作的进行。

然而从另一个角度看，虽然地下水污染治理方法不同，在各污染场地取得的成效也参差不齐，但大多数情况下均需要大量的工程措施。这些工程无论使用何种融资机制，成本最终都由生产企业承担，更不用说法律诉讼导致的大规模社会成本。这对于已经在工业革命后完成了原始积累，并在第二次世界大战后形成的国际秩序中得利的发达国家来说，也许负面影响仅限于经济发展的一部分活力被抵消。但对于刚刚经历了百年战争疮痍，痛感"落后就要挨打"的中国，这样激进的地下水环境保护政策未见得完全适合。目前中国靠投资拉动的粗放式高速发展轨迹已至尽头，新的经济增长点又迟迟不露端倪，在这种情况下强推环境议题是否会造成我国实体经济进一步灭活是国人普遍的担忧。美国次贷危机后各主要资本主义国家虽然做了诸多调整，但最终作用仅仅是推迟了更大规模危机的到来，目前这些国家正在积极寻找机会通过政治、经济、军事等多种手段将危机转嫁给以中国为代表的南方经济体，这更要求我国在处理环境经济议题时采取谨慎态度。这样看来，我国地下水污染防治工作似乎陷入了两难的境地，需要使用新的思路来看待发达国家的经验。

得益于第二次世界大战后建立的较为稳定的全球安全秩序和金融秩序，西方主要资本主义国家在战后仅用了10年左右的时间，其经济发展水平就远远超过战前，进入发展的"黄金时期"：20世纪50—70年代。在此期间，这些国家的地下水环境不可避免地遭受了巨大破坏，但由于当时经济发展得充分繁荣，以及地下水污染的潜伏期较长，西方社会并未立即就地下水环境议题形成共识。直到70年代初，曾经取得重要经济成果的国家宏观调控红利基本消耗殆尽，主要资本主义国家经济危机集中爆发，经济发展进入了"滞胀"阶段。经济发展步伐的放慢触发了西方社会对经济高速增长过程中出现的环境问题，乃至整个资本主义制度的集中反思，并直接导致了70年代全球范围内的环境保护运动。在这一浪潮的推动下，加之美国拉夫运河等标志性地下水污染事件的曝光，西方国家的地下水污染防治工作飞速发展，建立了强有力的法律法规和融资体系。80年代初，为了规避西方国家高企的社会成本和环境成本，大量资本涌入了以中国为代表的新兴经济体，双方各取所需，在客观上帮助了西方国家环境污染问题的改善。90年代以来，西方发达国家成功地取得了以经济全球化为背景、知识经济为基础、信息技术为主导的新经济的胜利，进一步缓解了经济发展与环境压力之间的矛盾。总的来说，西方在20世纪70年代以来在环境保护（包括地下水污染防治）方面所取得的成绩，是以全社会范围内的环境运动为引子、体量巨大的下游新兴市场为托底、有效的新经济增长点为后盾的综合性胜利。

一方面，中国的自然环境和社会环境正在发生有史以来最为迅速的变化，经济发展、信息公开、政务公开、教育水平提高、新媒体发展等诸多进程相互咬合并正在积蓄力量，即将取得突破并全面提升中国发展质量，一场环境保护浪潮已指日可待。这为中国地下水环境保护事业创造了更新更好的条件与机遇，也提出了更高的要求和挑战。中国地下水环境管理正在环境影响评价和地下水污染调查这个平台上艰难起转，总体力量薄弱。地下水环境管理对我国环保部门来说是新事物，技术和人才储备水平有限，亟须提升。基层技术工作人员对地下水环境保护工作的意义尚未取得一致认识，并且存在畏难思想。

另一方面，在全球经济危机背景下，世界范围内的高端资源开始重新配置，先进产业正在向中国转移，中国已具备生产世界级产品的土壤，但仍需政府的细心引导、民间的大力关注、市场的不离不弃，由此方能打好基础，抓住机遇，全面提升中国地下水污染防治水平和地下水环境行业的发展质量。

49